Biology for Beginners

ビギナーズ生物学

オールカラー！

太田安隆　高松信彦　著

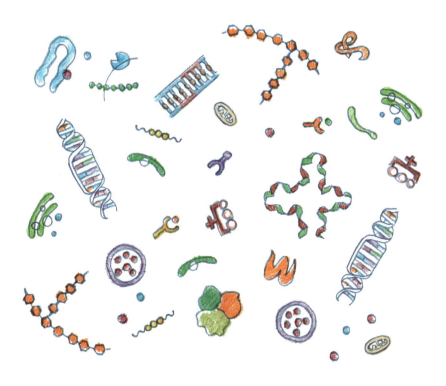

確認問題の解答

章末の確認問題の解答を化学同人ウェブサイトから入手できます．
http://www.kagakudojin.co.jp/appendices/kaito/index.html
QR コードからもアクセスできます．

まえがき

　本書は，大学初年級の学生に向けた教科書で，高校で生物を選択しなかった人にも使えるよう意図されている．理学系，医学系，薬学系，農学系，獣医学系，医療衛生学系，看護学系など，いわゆる生命科学を専攻する学部に入学した学生には，最適な教科書である．最近では生命科学系でも，高校で生物を履修せずに大学に入学する学生が増えており，大学初年級で生物を初めて学ぶ学生も珍しくない．また近年，複数の学問分野にまたがった境界領域の重要性が認識されるようになり，物理学，化学，工学など理工学系の学部でも初年級で生物を学ぶことが必須になっている大学も少なくない．これは，理工学系の学問を学ぶうえでも生物学の考え方や知識が必要になっているからだろう．本書は，さまざまな学部の初学者が，生物学の基礎を理解できるような作りとなっている．

　本書は，「細胞生物学」，「生化学」，「分子遺伝学」，「分子生物学」の分野から重要な項目を厳選し，コンパクトにまとめた内容になっている．"細胞とは何か"という課題から始めて，"細胞の構造と機能"，"細胞の機能を担う分子"，"遺伝子の構造と機能"，"遺伝子発現の制御"などを取りあげ，DNAがもつ「遺伝情報」と「細胞」の働きとの関係が分子レベルで理解できる構成になっている．また，フルカラーの図や表を多く使用し，視覚的に理解しやすいように作ってある．

　ともすれば「生物学」は膨大な知識の集まりで，その間に論理的な関係がない学問というイメージがあるかもしれない．しかし実際には，多くの優秀な研究者が，それぞれ優れた技術や独自の発想を用いてさまざまな実験を重ねて今日の生物学を築き上げてきたのである．そこで本書では，分子生物学の進歩にかかわった重要な実験をできるだけ多く紹介した．さらに生物学の発展に貢献した多くの科学者たちのプロフィールも紹介した．歴史的に重要な実験だけでなく，「iPS細胞」や「ゲノム編集」など最新の研究成果にも触れるように心がけ，最近の話題である細胞と病気の関係，生体分子と薬剤，遺伝子工学などをコラム形式で楽しく読めるように工夫した．

　細胞生物学や分子生物学の教科書は，外国の分厚い本の翻訳本が多く出版されているが，一般社会人や高校生にはこれらの本は敷居が高いだろう．生命科学に興味があるこのような方々にも本書を読んでいただければ，バイオテクノロジー関連分野の理解の助けや，より専門的な学習の土台になると思う．

　最後に，企画の段階から本書の完成まで，ともすれば遅れがちになる執筆者たちを辛抱強く支えてくださった化学同人編集部 大林史彦さんに感謝したい．また本書の特徴は，わかりやすいレイアウトとふんだんなフルカラー図表である．本文のレイアウトを担当していただいた松井康郎さん，イラストレーターの森真由美さんに深くお礼を申し上げたい．

著者一同

目 次

第1章 細胞とは　　1

- 1.1 生命の基本単位, 細胞 …… *1*
- 1.2 細胞の研究法（顕微鏡）…… *3*
- 1.3 細胞の研究法（培養細胞）…… *6*
- 1.4 原核生物と真核生物 …… *13*
- 確認問題 …… *14*

第2章 細胞の構造と機能(1)　　15

- 2.1 細胞小器官とは …… *15*
- 2.2 核 …… *16*
- 2.3 ミトコンドリア …… *17*
- 2.4 小胞体 …… *19*
- 2.5 ゴルジ体 …… *20*
- 2.6 リソソーム …… *21*
- 2.7 ペルオキシソームとエンドソーム …… *22*
- 2.8 細胞骨格 …… *23*
- 2.9 植物細胞の細胞小器官 …… *26*
- 確認問題 …… *28*
- コラム 細胞小器官と病気の関係 …… *28*

第3章 細胞の構造と機能(2)　　29

- 3.1 細胞膜 …… *29*
- 3.2 小胞による取り込みと輸送 …… *32*
- 3.3 シグナル伝達 …… *35*
- 3.4 細胞周期とその制御 …… *38*
- 3.5 アポトーシス …… *40*
- 3.6 組織の成り立ち …… *41*
- 確認問題 …… *42*

第4章 細胞の化学成分　43

- 4.1 水の性質 ······ 43
- 4.2 生体高分子の重合 ······ 45
- 4.3 小分子の輸送 ······ 46
- 4.4 共有結合 ······ 49
- 4.5 非共有結合 ······ 49
- 4.6 酸と塩基 ······ 52
- 確認問題 ······ 52

第5章 糖と脂質　53

- 5.1 単糖と多糖 ······ 53
- 5.2 糖の生理的機能 ······ 55
- 5.3 脂質の構造 ······ 56
- 5.4 脂質と細胞膜 ······ 57
- 確認問題 ······ 60

第6章 タンパク質の構造と機能(1)　61

- 6.1 アミノ酸の構造とペプチド結合 ······ 61
- 6.2 アミノ酸の種類 ······ 62
- 6.3 タンパク質の一次構造 ······ 64
- 6.4 タンパク質の二次構造 ······ 65
- 6.5 タンパク質の三次構造 ······ 68
- 6.6 タンパク質の四次構造 ······ 70
- 6.7 タンパク質の構造 ······ 70
- 確認問題 ······ 74
- コラム プロテオミクス ······ 66
- コラム 嚢胞性線維症 ······ 72

第7章 タンパク質の構造と機能(2)　75

- 7.1 タンパク質の特異性 ······ 75
- 7.2 酵素反応 ······ 76
- 7.3 タンパク質の働きを調節する小分子 ······ 79
- 7.4 タンパク質の制御 ······ 79
- 7.5 アロステリック効果 ······ 80
- 7.6 タンパク質の化学修飾 ······ 81

7.7　GTP結合タンパク質 …………………………………………………………………… *84*
7.8　モータータンパク質 …………………………………………………………………… *85*
確認問題 …………………………………………………………………………………… *86*
コラム 酵素は医療に深くかかわっている …………………………………………… *78*
コラム シグナル伝達とがん遺伝子 ………………………………………………… *81*
コラム がん治療のためのタンパク質キナーゼ阻害剤の開発 ……………………… *82*

第8章　遺伝子発現と核酸　　　　　　　　　　　　　　　　　87

8.1　遺伝子発現 ……………………………………………………………………………… *87*
8.2　核　酸 …………………………………………………………………………………… *89*
8.3　DNAを構成するヌクレオチド ………………………………………………………… *90*
8.4　DNA ……………………………………………………………………………………… *93*
8.5　RNA ……………………………………………………………………………………… *95*
確認問題 …………………………………………………………………………………… *97*
コラム 遺伝子工学の誕生と発展（1）〜制限酵素の発見〜 ……………………… *98*

第9章　DNA　　　　　　　　　　　　　　　　　　　　　　　　99

9.1　メンデルの法則 ………………………………………………………………………… *99*
9.2　サットンの遺伝の染色体説 …………………………………………………………… *102*
9.3　肺炎双球菌の形質転換実験 …………………………………………………………… *103*
9.4　ハーシーとチェイスのバクテリオファージの実験 ………………………………… *106*
確認問題 …………………………………………………………………………………… *110*

第10章　DNAの構造と複製様式　　　　　　　　　　　　　　111

10.1　DNAの構造 …………………………………………………………………………… *111*
10.2　DNA複製の様式 ……………………………………………………………………… *115*
確認問題 …………………………………………………………………………………… *121*
コラム 遺伝子工学の誕生と発展（2）〜プラスミドベクター〜 ………………… *120*

第11章　複製の仕組み　　　　　　　　　　　　　　　　　　123

11.1　DNAポリメラーゼ …………………………………………………………………… *123*
11.2　大腸菌におけるDNAの複製 ………………………………………………………… *126*
11.3　真核生物におけるDNAの複製 ……………………………………………………… *130*
確認問題 …………………………………………………………………………………… *131*
コラム 遺伝子工学の誕生と発展（3）〜逆転写酵素とcDNA〜 ………………… *132*

第12章 転 写　　133

- 12.1 転写反応 ……………………………………………………………………… *133*
- 12.2 大腸菌における転写 …………………………………………………………… *134*
- 12.3 真核生物における転写 ………………………………………………………… *138*
- 確認問題 …………………………………………………………………………… *143*
- コラム 遺伝子工学の誕生と発展(4) 〜DNAの塩基配列決定法〜 …………… *144*

第13章 翻 訳(1)　　145

- 13.1 mRNAの構造と機能 ………………………………………………………… *145*
- 13.2 tRNAの構造と機能 …………………………………………………………… *148*
- 13.3 大腸菌における翻訳 …………………………………………………………… *151*
- 13.4 真核生物における翻訳開始機構 ……………………………………………… *155*
- 確認問題 …………………………………………………………………………… *156*
- コラム 遺伝子工学の誕生と発展(5) 〜PCR〜 ……………………………… *157*

第14章 翻 訳(2)　　159

- 14.1 遺伝暗号解読までの研究の背景 ……………………………………………… *159*
- 14.2 遺伝暗号の解読 ………………………………………………………………… *161*
- 14.3 翻訳方向の決定 ………………………………………………………………… *170*
- 確認問題 …………………………………………………………………………… *172*

索 引 ……………………………………………………………………………………… *173*

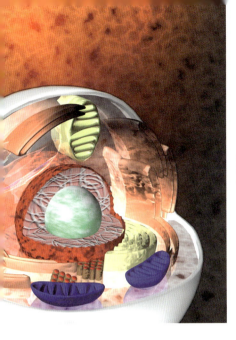

第1章

細胞とは

この章で学ぶこと

地球上には，われわれヒトを含めたさまざまな動物や植物が生きている．動植物のなかにもいろいろな生き物がいて，非常に多様性に富んでいる．また肉眼では見えない微生物や細菌も存在する．この「生き物」すべてに共通していることの一つに，「すべて細胞からできていること」があげられる．現在の地球に生きているものの最小単位は細胞だといってよい．地球上のさまざまな生き物は，原始の細胞が進化してできたものと考えられている．

本章では，細胞の基本的な性質を学び，細胞がどのようにして見つかり，研究されてきたかを紹介する．細胞は，核の有無で「原核細胞」と「真核細胞」に分けられる．われわれヒトのように多くの細胞が集まってできている複雑な多細胞生物は真核細胞でできている．

1.1 生命の基本単位，細胞

われわれヒトは，さまざまな動物や植物，あるいは菌類に囲まれている．これら「生き物」に共通していることの一つとして，すべての生き物は**細胞**（cell）でできているということがあげられる[*1]．細胞は生命の基本単位であり，「生きている」と呼べるのは細胞までであるといってよい．すべての細胞は同じ性質をもった親細胞から生まれたものである．これを過去にさかのぼっていくと，現在存在するすべての生き物を作っている細胞たちは，30億年以上前の1個の**祖先細胞**（ancestral cell）から進化したものであると考えられている．すべての細胞が同じ祖先から進化したと考えれば，細胞の見かけや働きは多様でも，細胞を作っている分子が化学的に似ていることが説明できる[*2]．つまり，細胞は化学的に共通した統一性を保ちながら進化して，多様性を獲得してきたわけである．

われわれヒトを含めた多細胞生物は，さまざまな種類の細胞からできている．脳を作っている神経細胞，運動を司る筋肉細胞，肝臓や腎臓などの臓器を作っている細胞，皮膚の細胞，免疫を司る細胞など多くの細胞が多様な活動をしている．しかし，多細胞生物のいろいろな機能を担っている個々の細胞は，もと

この節のキーワード
・祖先細胞
・細胞膜
・遺伝情報
・化学エネルギー

[*1] 細胞については，第2, 3章で詳しく述べる．
[*2] 細胞の化学成分については，第4, 5章で詳しく述べる．

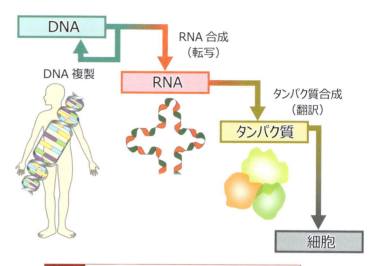

図1.1 遺伝子DNAが細胞の働きを指令している

もとは両親から受け継いだ1個の受精卵が増殖・分化してできたものなので，すべての細胞が同じ遺伝情報（遺伝子DNA）をもっている．すべての細胞が同じ遺伝情報をもつことが，細胞の統一性を保証している．

では，遺伝子 **DNA**（deoxyribonucleic acid）は細胞のなかで何をしているのだろうか．DNAには細胞の形を決めたり，複雑な行動を指令する働きがある．では，DNAはどのような分子を使って細胞へ働きかけているのだろうか．細胞には**タンパク質**（protein）と呼ばれる生体高分子があり，これが細胞を形作り，細胞へ指令を伝える[*3]．このタンパク質は，20種類のアミノ酸が共有結合でたくさんつながってできている．タンパク質のさまざまな働きは，アミノ酸の並び方（配列）で決まっている．そして遺伝子DNAが，アミノ酸の配列を決めている．実際には，DNAの遺伝情報がRNAに写され（転写と呼ぶ．図1.1），このRNAからタンパク質が合成される（翻訳と呼ぶ．図1.1）[*4]．すなわち，DNAを作っている4種類のヌクレオチドの並び方がアミノ酸の並び方を決めている．

細胞は膜で覆われた袋でできているが，この膜は**細胞膜**（cell membrane）と呼ばれ，細胞を外界と分ける重要な働きをしている．細胞膜は，脂質分子が二重に並んだサンドイッチ構造をしている（図3.1参照）．細胞の外側にも内側にも水分子がたくさんある．細胞膜の内側と外側は水分子になじみやすい親水性の構造をしているが，細胞膜の内部は水分子になじまない疎水性の炭化水素の鎖でできている．このため，細胞膜は水を通さない．細胞膜にはタンパク質でできた特殊なチャネルや受容体があり，細胞の外から分子や信号を受け取り，細胞のなかへ伝えることができる．

細胞がさまざまな活動を行うためには，エネルギーが必要である．地球上の生き物が使うエネルギーは，太陽の光エネルギーが源である．細胞は，アデノ

[*3] タンパク質については，第6，7章で詳しく述べる．
[*4] 遺伝子の構造や転写・翻訳の仕組みについては，第8〜14章で詳しく述べる．

■ **DNA**（deoxyribonucleic acid；デオキシリボ核酸）
デオキシリボヌクレオチドが共有結合でつながってできたポリヌクレオチド．二重らせんで，細胞の遺伝情報を維持し，次世代に伝える働きをもつ．第9章で詳しく解説する．

■ **RNA**（ribonucleic acid；リボ核酸）
DNAを転写して作られる分子で，リボヌクレオチドが共有結合でつながってできたポリヌクレオチド．通常は一本鎖．メッセンジャーRNA，リボソームRNA，トランスファーRNAなどの種類がある．第12章で詳しく解説する．

シン三リン酸（ATP，図2.5を参照）という分子がもつエネルギーを**化学エネルギー**（chemical energy）として使っている．

1.2 細胞の研究法（顕微鏡）

生き物が細胞でできていることは，今では誰でも知っているが，歴史的には光学顕微鏡（microscope）が発明されたおかげで，はじめて生き物が細胞でできていることが明らかになった（図1.2）．17世紀にフックがコルク片を光学顕微鏡で観察したところ，コルク片が多くの仕切りが集まってできていることを見つけ，この構造を細胞（cell）と命名した．その後19世紀に，細胞がすべての生体組織の構成単位であるという細胞説（cell theory）が植物学者シュライデン（1838年）と動物学者シュワン（1839年）によって提唱された．

二つの点を異なるものとして識別できる最小の距離を分解能という．肉眼の分解能はおよそ 0.05 mm である．動植物の細胞の大きさは 5〜20 μm（0.005〜0.020 mm）なので，肉眼では見ることができない．一方，光学顕微鏡の分解能は 0.2 μm なので，光学顕微鏡で動物や植物の細胞を観察できる．また，バクテリアは 1〜2 μm の大きさなので，これも光学顕微鏡で観察できる．

動植物の細胞内部には，**細胞小器官**（organelle）と呼ばれる小さな袋状の構造体が詰まっていて，この細胞小器官も光学顕微鏡で観察できる．組織片などをホルマリンで固定して染色すると，核や細胞質などが容易に観察できる．

現在では，光学顕微鏡の他に様々な顕微鏡が開発され，研究に使われている．たとえば位相差顕微鏡や微分干渉顕微鏡を用いると，細胞を染めなくても細胞

この節のキーワード

- 細胞の発見と顕微鏡
- 光学顕微鏡
- 蛍光顕微鏡
- 共焦点顕微鏡
- 電子顕微鏡

Biography

Robert Hooke
1635〜1703．イギリスの科学者．顕微鏡を用いてコルクの小片を観察し，そこにある小さな区画を細胞と名づけた（1665年）．ばねの弾性に関する「フックの法則」も彼の業績である．建築科としても著名で，マルチな才能を発揮した．17世紀の科学革命で大きな役割を演じた科学者の一人．

Matthias J. Schleiden
1804〜1881．ドイツのハンブルク出身の植物学者．シュワンとの食事中に，細胞説の意見が一致したという．法学の博士号をとり，弁護士を志したがかなわず，自然科学に進路を変えた．

Theodor Schwann
1810〜1882．ドイツのノイス出身の生理学者．組織学の大家であった．神経細胞を取り囲むシュワン細胞にその名を残している．

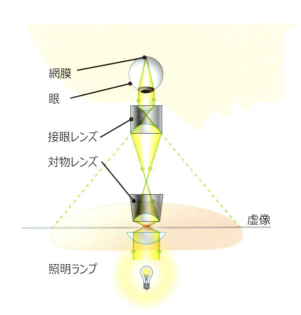

図1.2 光学顕微鏡の仕組み

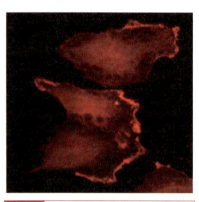

図1.3 蛍光顕微鏡で観察した細胞像
特定の分子を蛍光色素で標識する．

図1.4 蛍光色素

■ **GFP** (green fluorescent protein)
緑色蛍光タンパク質のこと．クラゲから単離した蛍光タンパク質で，生きた細胞中でのタンパク質の局在や動態を観察する標識として使われている．

Biography
下村脩
1928〜，京都府生まれ，長崎県育ちの化学者．1965年からアメリカで研究活動に従事．オワンクラゲがなぜ光るのかに興味をもち，家族総出で数十万匹のオワンクラゲを捕獲した．1962年にオワンクラゲからGFPを単離し，その業績により2008年ノーベル化学賞を受賞．

小器官などの細胞内構造を見ることができるので，細胞を生きた状態で観察できる．蛍光顕微鏡を使うと，蛍光色素と結合した分子の細胞内での分布を観察できる（図1.3）．蛍光色素は特定の色の光を当てるとその光を吸収し，それより超波長の別の色の光を放出する分子である（図1.4）．下村脩によってオワンクラゲから単離されたGFP（green fluorescent protein）は蛍光色素としてよく知られている．蛍光顕微鏡は，フィルターを用いて試料に当てる励起光と試料から出る蛍光を分離することができる（図1.5）．分子の抗体に蛍光色素をつ

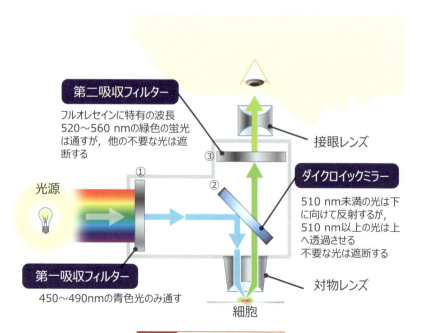

図1.5 蛍光顕微鏡の光学系

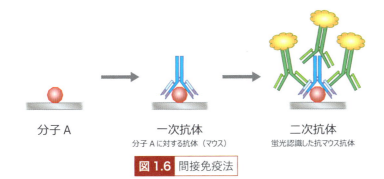

図 1.6 間接免疫法

けると細胞内での分子の局在がわかる．実際には，標的に対する特異的な抗体（一次抗体）は無標識にしておいて，代わりに一次抗体を認識する二次抗体を蛍光標識して使うことが多い（図1.6）．また目的の分子にGFPをつけた融合タンパク質を細胞内で発現させると，生きた細胞内での分子の動きをタイムラプス蛍光顕微鏡で観察することができる．

蛍光顕微鏡の他に，レーザー光線を用いた共焦点顕微鏡も研究によく使われる．レーザー光線は一直線に進み拡散しないので，焦点の合った画像を得ることができる．細胞などの厚みのある試料の一定深度の面に焦点を合わせてレーザー光でスキャンすると，明瞭な断面像が得られる．深度を徐々に変えて断面像を得ると三次元の細胞像を再構成することができる．

電子顕微鏡は電子線を使う顕微鏡であり，光学顕微鏡に比べて分解能がはるかに小さく（〜2 nm），分子レベルで観察できる．電子顕微鏡には透過型電子顕微鏡と走査型電子顕微鏡がある．走査型電子顕微鏡を使うと，電子線でスキャンし，三次元像を得ることができる（表1.1）．

以上のように，細胞や細胞内部の世界は肉眼で見える世界よりかなり小さな世界なので，細胞について学習する際には，大きさの感覚をつかむことが大事

■ **タイムラプス**
静止画を繋いで長時間の現象を短い時間で見せる動画のこと．細胞培養装置とカメラを搭載した顕微鏡を用いて，生きた細胞の動態や細胞中での蛍光タンパク質の動きをタイムラプスで観察することができる．

表 1.1 顕微鏡の特徴

種類	分解能	方式	特徴
肉眼	0.05 mm		
光学顕微鏡	0.2 μm （倍率 1000倍）	明視野顕微鏡 位相差顕微鏡 微分干渉顕微鏡	通常の顕微鏡 背景が暗い像 陰影のある明るい像
蛍光顕微鏡	0.02〜0.2 μm	蛍光色素を励起する波長と色素の放出する波長だけを通す2種類のフィルターを使う	蛍光色素が結合した分子の細胞内分布が観察できる
共焦点顕微鏡		レーザー光線で試料を走査	厚みのある試料の明瞭な光学断面像が得られる
電子顕微鏡	1 nm 3〜20 nm	透過型電子顕微鏡 走査型電子顕微鏡	電子線を使う 電子線でスキャン

である．長さの単位において，$1\,\mathrm{m} = 10^3\,\mathrm{mm} = 10^6\,\mu\mathrm{m} = 10^9\,\mathrm{nm}$ の関係が成り立つ．すなわち細胞の世界（μm）は，われわれが生活している世界（m）の10万分の1であることを頭に入れておいてほしい．

この節のキーワード

・細胞培養
・幹細胞
・細胞分画
・タンパク質の精製
・遺伝子導入
・ゲノム編集

1.3 細胞の研究法（培養細胞）

本節では，細胞をどのように研究するかを，その具体的な実験手法とともに解説する．研究の現場では，以下のような研究・実験が行われている．

1.3.1 培養細胞

動物細胞は適当な条件で培養皿の上で飼うことができる（図1.7）．これを細胞培養といい，細胞生物学の研究でよく用いられる．細胞を培養するには特定の増殖環境が必要であり，温度（ほ乳類動物細胞では37℃），湿度，pHなどの増殖環境を適切に制御できるような専用のインキュベーターを使う（図1.8）．また，培養液には抗生物質を加え，無菌室やクリーンベンチを用いて，無菌的な環境で培養する．

培養細胞にはいろいろな種類があり，目的に応じて細胞を使い分ける必要がある（表1.2）．初代培養は，切除した動物組織を酵素処理して単一の細胞にしたものを使う．初代培養細胞は限られた期間しか維持できないが，生体内での分化特性を保持しているという利点がある．これに対して連続培養では，分裂回数が有限の細胞と無限に増殖できる継代細胞株がある．継代細胞株は，腫瘍細胞への形質転換によって無限増殖が可能になったものである．形質転換された細胞株は無限に増えるので，いつでも使用できるという利点があるが，生体内での本来の特性が失われているという欠点がある．

培養細胞は，浮遊した状態か基質に接着した状態かのどちらかで増殖する．細胞株の形態は，その細胞が由来している組織を反映している．血液由来の細

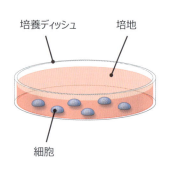

図1.7 細胞培養

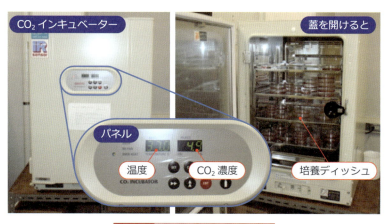

図1.8 CO_2 インキュベーター

表 1.2 動物培養細胞の種類

種類	特徴
初代培養細胞	組織を酵素処理して単一の細胞にしたもの．分裂回数が少なく長期間維持できないが，分化した特性を保持している．
継代細胞株	形質転換によって無限に増殖できる．反面，生体内での本来の特性が失われている．
浮遊細胞	血液由来の細胞株で，浮遊状態で培養できる．
接着細胞	血液以外の組織に由来した細胞株で，基質に接着した状態が増殖に必要である．内皮細胞，上皮細胞，神経細胞，繊維芽細胞などがある．

胞株は浮遊状態で増殖できるが，肺や腎臓など組織由来のほとんどの細胞株は，基質に接着した状態が増殖に必要である．接着細胞は内皮細胞，上皮細胞，神経細胞，繊維芽細胞に分類することができ，それぞれの細胞形態は由来している組織を反映している．

培養細胞には無菌的環境と増殖のための栄養補給および増殖因子（growth factor）が必要である．また，pHと温度が安定している必要がある．血清は増殖因子を含んでおり，細胞培養培地の最も重要な成分の一つである．一般的に使用されている血清はウシ胎児血清（fetal calf serum；FCS）である．

1.3.2 幹細胞

幹細胞は無限に増殖し，かつ分化する子孫細胞を作り出すことができるので，医療の観点からきわめて重要な細胞である．胚性幹細胞（ES細胞）は，マウス受精卵の初期胚の内部細胞塊から単離されたのが最初で，増殖能と完全な分化能をもつ．しかしES細胞はそのまま育てば胎児になる細胞なので，ヒトのES細胞を研究に用いるのは倫理的な制約が強かった．

山中伸弥によって開発された人工多能性幹細胞（iPS細胞；induced pluripotent stem cell）はES細胞の特性をほぼすべて備えた細胞で，成体組織から繊維芽細胞を採取して培養し，Oct3/4，Sox2，Klf4，Mycという四つの転写因子（Yamanaka factor）を人工的に導入して初期化したものである（図1.9）．受精卵を使わずに作れるため，倫理的な制約が少ない．また量産もしやすく，医療への応用が期待されている．

iPS細胞は，さまざまな臨床応用が可能である．たとえば，患者由来のiPS細胞を培養すれば，シャーレのなかで病気に有効な薬剤の探索を行うことができる．また，iPS細胞をいろいろな細胞に分化させてから患者に移植することができる．たとえば，iPS細胞から網膜の細胞を作り眼病の患者に移植したり，脊椎神経細胞を作って脊椎損傷の

■**増殖因子**（growth factor）
細胞の分裂や成長を促進する細胞外シグナル分子のこと．増殖因子の多くは細胞表面にある増殖因子受容体に結合し，増殖因子が結合した受容体は細胞内のシグナル伝達経路を活性化し，タンパク質や種々の分子を細胞内で合成させる．増殖因子には上皮細胞増殖因子（EGF），血小板由来増殖因子（PDGF）などさまざまなものがある．

Biography
山中伸弥
1962〜，大阪府生まれの日本の医学者．外科医を志したがかなわず，基礎研究の道に進んだ．iPS細胞の開発で，ゴードンとともに2012年ノーベル生理学・医学賞を受賞．現在は京都大学iPS細胞研究所所長．

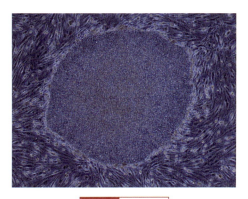

図1.9 iPS細胞
繊維芽細胞から樹立したヒトiPS細胞のコロニー（画像提供：京都大学　山中伸弥博士）．

患者に移植することができる．また，iPS 細胞から血小板を作ることもできる．

1.3.3 細胞分画

細胞から特定の細胞小器官や構成成分を単離することを細胞分画という（図 1.10）．分画された構成成分からタンパク質を精製することもよく行われる．細胞分画を行うためには，最初に細胞を破砕する必要がある．細胞を破砕する方法には何種類かある．一つは材料として培養した細胞の懸濁液や組織を用意し，これを超音波処理やホモジェナイザーで機械的に破砕する方法である．または，界面活性剤を用いて細胞膜に穴をあける方法もよく用いられる．

細胞を破砕して得られた抽出液をいくつかの分画に分けるために用いられるのが遠心分離法である（図 1.11）．細胞抽出液を遠心管に入れて遠心分離機で回転させる．大きい分子や密度の高い成分は，遠心により沈殿物として回収され，小さい分子や密度の低い成分は上清に回収される．遠心の回転数を段階的に上げることで大きい成分から小さい成分を成分別に分画できる．この方法により，核，細胞骨格成分，ミトコンドリア，小胞，巨大分子の順に沈殿に回収される．細胞分画で得られた成分を研究する際には，そこに含まれるタンパク質の同定を行うことが多い．また，細胞分画で得られた液に含まれるタンパク質を精製することもよく行われる．

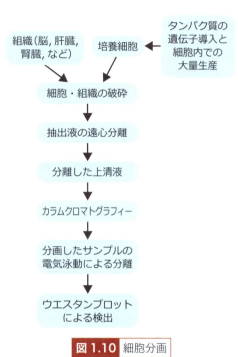

図 1.10 細胞分画
細胞からタンパク質精製までのフローチャート．

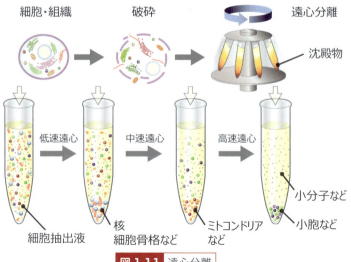

図 1.11 遠心分離

1.3.4 タンパク質の分離精製

タンパク質は生体の機能分子であり，その機能を調べるためには細胞抽出液からの分離精製が必要なときがある．また，細胞分画で得られたサンプルのタンパク質を分析することで，得られた細胞分画を同定できる．タンパク質を分離するには，タンパク質のもつ大きさ，形，電荷などの物理化学的性質や他の分子との親和性を利用する．

タンパク質の精製にはクロマトグラフィーが使われる（図 1.12）．タンパク質のもつ電荷により分離するイオン交換クロマトグラフィー，タンパク質の大きさで分離するゲルろ過クロマトグラフィーがよく用いられる．最近はタンパク質が特異的に相互作用する分子を利用したアフィニティークロマトグラフィーが使われることが多い．たとえば，タンパク質の端に特異的に結合する性質ももつ標識(タグ)をつけた遺伝子を細胞に導入し，発現したタンパク質を，タグに結合する分子を用いて分離精製する手法がある．

タンパク質の分離には，**電気泳動**（electrophoresis）もよく使われる．なかでも，SDS ポリアクリルアミド電気泳動(SDS-PAGE)が特によく用いられる（図 1.13）．タンパク質を界面活性剤であるドデシル硫酸ナトリウム（SDS）と混合し煮沸すると，タンパク質はひも状の構造をとり，一面に SDS が付着した状態になる．ひも状になったタンパク質は，ゲルの中で陽極に向かって移動する．移動する速さはタンパク質がもつ負電荷と摩擦係数によって決まる．タンパク質がもつ負電荷はタンパク質に結合している SDS 量で決まり，摩擦係数はタンパク質の長さで決まる．結局，ゲルのなかを移動するタンパク質の速度は，タンパク質の長さ，すなわち分子量で決まるので，分子量に従って分離できることになる．

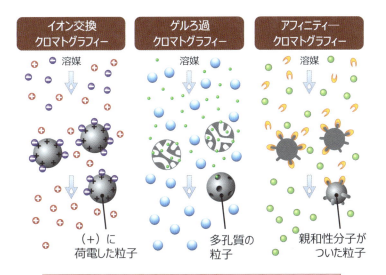

図 1.12 クロマトグラフィーによるタンパク質の分離精製

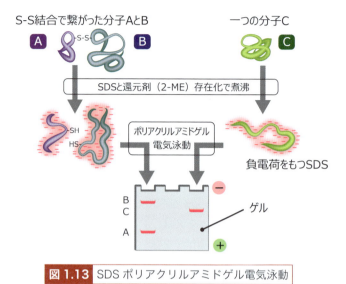

図 1.13　SDS ポリアクリルアミドゲル電気泳動

　タンパク質を電気泳動（SDS-PAGE）で分離した後，薄膜に電場をかけて写し，抗体で反応させると目的のタンパク質の有無や分量がわかる．この方法をウエスタンブロット（western blot）法という（図 1.14）．ウエスタンブロット法では，電気泳動で分離されたタンパク質をゲルから薄膜に高電圧をかけて移動させる装置を用いる．

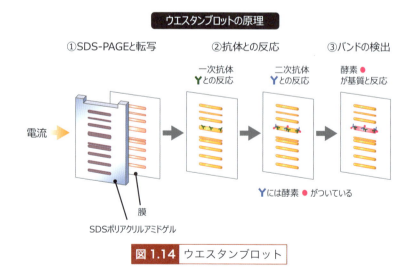

図 1.14　ウエスタンブロット

1.3.5　遺伝子導入

　DNA を外から細胞に入れて，その DNA がもつ遺伝子がコードするタンパク質を発現させる技術は細胞生物学を飛躍的に進歩させた（図 1.15）．この技術は今でも進化している．現在では，特定のタンパク質を細胞内で過剰発現し

1.3 細胞の研究法（培養細胞）　11

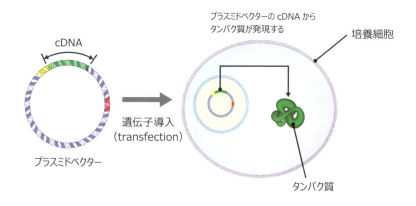

図 1.15　培養細胞への遺伝子導入

たときや，逆に siRNA という小さな二重鎖 RNA を細胞内に導入することでそのタンパク質の発現を抑えた（RNA 干渉）ときに細胞（細胞内）にどのような変化が現れるかを調べることで，そのタンパク質の機能を明らかにする研究が主流である．

　DNA を細胞内に導入するにはその DNA をベクターに入れることが必要である．ベクターは，遺伝物質を細胞内に導入するために使われる DNA 分子であり，プラスミドベクターとウイルスベクターの 2 種類がある．ベクターを使って新たな DNA を挿入されたものを組換え DNA と呼ぶ．

　次にこの組換え DNA を細胞内に導入する．その方法も複数あり，目的に応じた方法を選ぶ必要がある．一般的には，リポフェクション法，エレクトロポレーション法，ウイルスベクターを用いる方法がある（図 1.16，表 1.3）．リポフェクション法はベクターを膜小胞で包み込み，細胞膜と融合させる方法であ

■ RNA 干渉
（RNA interference；RNAi）
mRNA の一部と同じ塩基配列をもつ二本鎖 RNA があると，細胞内の特別なタンパク質によって mRNA が分解される現象．特定の遺伝子の働きを抑制するために，その遺伝子の mRNA の一部と同じ配列をもつ短い二本鎖 RNA を細胞に導入すると，細胞のなかでその mRNA を切断しその働きを抑制するので，遺伝子を不活化させるのと同じ効果が観察できる．

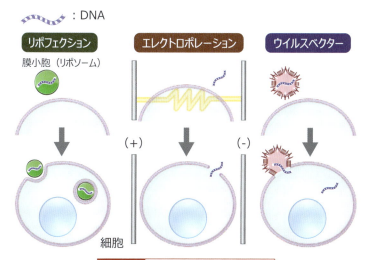

図 1.16　さまざまな遺伝子導入法

表 1.3 さまざまな遺伝子導入法

名称	方法	長所	短所
リポフェクション法	DNAとリン脂質の複合体がエンドサイトーシスによって細胞に取り込まれる.	簡便に効率よく遺伝子を導入できる. 細胞毒性が少ない.	試薬が高価である.
エレクトロポレーション法	DNA溶液中にある細胞を電極の間に置き, 短時間の電気ショックを与える. 細胞膜に一時的に穴があき, 再び閉じるまでにDNAが細胞に入る.	遺伝子導入効率が高い. 遺伝子導入が難しい細胞でもこの方法で入れることができる.	高価な機器が必要.
ウイルスベクター	ウイルスに組み込まれた遺伝子をウイルスの感染で細胞に導入する.	遺伝子導入効率がほぼ100％. 導入後の遺伝子発現が安定している.	ウイルスベクター作成に手間がかかる. 安全性に注意する必要がある.

る. エレクトロポレーション法は, 電気ショックで細胞膜に穴をあけ, DNAを導入する方法である. エレクトロポレーション法は, 遺伝子導入効率が高く, 遺伝子導入効率が低い細胞にもこの方法を用いると遺伝子を導入できるが, 特殊な装置が必要である (図1.17). ウイルスベクターを用いる方法は, ウイルスの感染によって遺伝子を細胞に導入する方法である. プラスミドベクターを用いて遺伝子を細胞内に導入すると一過性にタンパク質を細胞内で過剰発現させることができるが, 時間が経つにつれて遺伝子は消失してしまう. しかし一部分のDNAが染色体に組み込まれるとその遺伝子は安定して発現する. アデノウイルスベクターを用いると感染効率はほぼ100％であるが発現は一過性である. レトロウイルスベクターを用いるとほぼ確実に染色体ゲノムにDNAが導入される.

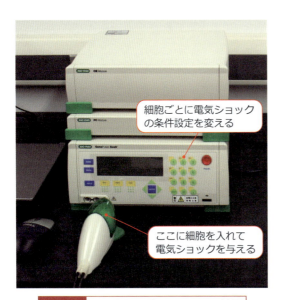

図1.17 エレクトロポレーションの装置

1.3.6 ゲノム編集

ゲノム編集 (genome editing) とは, 部位特異的なヌクレアーゼを用いて標的ゲノムの破壊や改変を自在に行う新しい遺伝子改変技術である. ゲノム編集にはいくつかの方法があるが, なかでもCRISPR/Cas9法は簡便で効率よくゲノムを改変できる. このシステムではCas9タンパク質 (DNA二本鎖切断酵素) と, 標的領域を認識するガイドRNAを受精卵や細胞に導入し, 特定の標的DNA配列を切断する. 切断された標的は修復されるが, このとき高い確率で余分な塩基の挿入や欠失が生じ, その結果, 標的遺伝子が破壊される. また, 細胞に標的遺伝子の相同配列を両端にもつDNAを導入すれば相同組換え修復が起こり, 遺伝子が改変できる (図1.18).

CRISPR/Cas9法は動物や植物などさまざまな生物

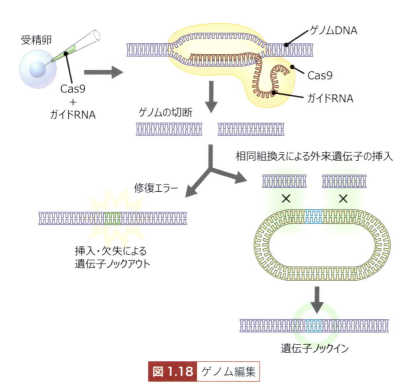

図 1.18 ゲノム編集

に適用でき，また受精卵や多種類の細胞でも使える画期的な技術である．

1.4 原核生物と真核生物

生物は，細胞に核をもつ**真核生物**（eukaryote）と核をもたない**原核生物**（prokaryote）に分類される（表 1.4）．原核生物は，核はもたないが DNA はもつ．しかし，原核生物は後述の細胞小器官をもたない．原核生物は，さらに真正細菌と古細菌に分類される．真正細菌は一般に細菌やバクテリア（bacteria）と呼ばれ，病原菌，腸内細菌，土壌菌などわれわれの身の回りにもたくさんいる（図 1.19）．これに対して，古細菌は海底の熱水噴出口や火山湖など特殊な

この節のキーワード

- 原核生物
- 真核生物
- 核
- 単細胞生物
- 細胞小器官

表 1.4 細胞の分類

細胞	特徴	長所
原核生物 prokaryote	核や細胞小器官をもたないが，DNA はもつ．	細菌（真正細菌） （例）大腸菌，サルモネラ菌など 古細菌 硫黄泉や高塩湖など極限環境で生育している
真核生物 eukaryote	核や細胞小器官をもつ．	単細胞生物 （例）酵母，アメーバ 多細胞生物 （例）動物，植物，菌類

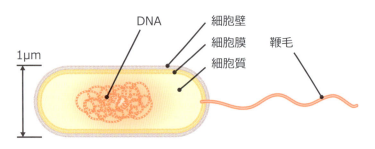

図 1.19 細菌細胞は原核生物である

環境で生息しており，日常生活でお目にかかることはまずない．

　真核生物は，単細胞生物と多細胞生物に分けられる．アメーバや酵母は細胞に核をもち，単独の細胞で生きることができる単細胞生物である．動物，植物，菌類などは細胞の集合体で多細胞生物である（図 1.20）．

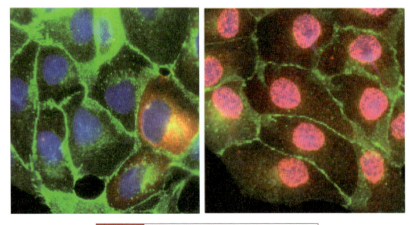

図 1.20 細胞の集合体としての多細胞生物
上皮細胞の集まり．

確認問題

1. 現存の細胞が共通の祖先細胞から進化してできたと考えられる理由を述べよ．
2. 原核細胞と真核細胞の違いを説明しなさい．
3. DNA の遺伝情報は何を指令しているのか説明しなさい．
4. 細胞内での特定の分子の局在を調べるにはどのような顕微鏡を使ったらよいか説明しなさい．
5. 細胞分画法は，細胞の構成成分のどのような性質を使って分離するのか説明しなさい．

第2章

細胞の構造と機能 (1)

この章で学ぶこと

真核細胞内には，核の他にもさまざまな細胞小器官が存在する．核を含め，多くの細胞小器官は膜で包まれている．真核細胞の細胞内では無数の化学反応が同時に進行しているので，これらを空間的に隔離する必要がある．多くの細胞小器官が膜でできた小胞であるのはこのためである．細胞小器官は，それぞれ特有のタンパク質組成をもち，特有の働きを担っている．

本章では膜で覆われた細胞小器官である，核，ミトコンドリア，小胞体，ゴルジ体，リソソーム，ペルオキシソーム，エンドソームについて，それらの構造と機能を紹介する．また，真核細胞には細胞骨格と呼ばれる繊維構造が発達している．細胞骨格にはアクチン繊維，微小管，中間径フィラメントの3種類があり，それぞれ固有の働きをしている．植物細胞には動物細胞に見られない特徴的な構造がある．

2.1 細胞小器官とは

真核細胞の細胞内では無数の化学反応が同時進行しているので，これらを空間的に隔離する必要がある．そのために，細胞は二つの方法を使っている．第一は，タンパク質の複合体を使うことである．細胞内で起こる多くの化学反応は，特定のタンパク質が触媒（酵素）として働いている．一連の化学反応の進行に必要な複数の酵素タンパク質が集合体（複合体）を作ることで，化学反応を空間的にコンパクトにまとめることができる．

第二は，細胞を膜で区画化することである．特定のタンパク質の集まりを膜で囲んで小胞を作れば，そこで固有の化学反応を起こして特有の働きをすることができる．また，特定のタンパク質を選別して膜に閉じ込めて輸送することで，小胞間を効率よく連絡できる．

多くの細胞小器官が膜で囲まれた構造をもつのは，以上のような理由である．以下に動物細胞で見られる代表的な細胞小器官の構造と機能を説明する（図2.1，表2.1）．

この節のキーワード

・細胞の区画化
・膜で囲まれた小胞
・細胞内輸送

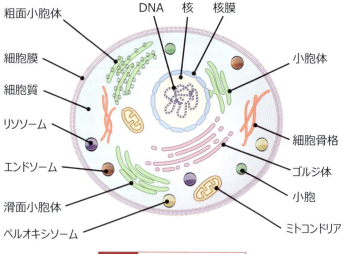

図2.1 動物細胞の基本構造

表2.1 動物細胞の細胞小器官

名 称	特 徴
核	細胞の遺伝情報(DNA)の貯蔵庫．核膜で細胞質と仕切られている．
ゴルジ体	膜でできた平たい袋が重なったもの．小胞体でできたタンパク質や脂質の修飾を行う．
細胞膜	細胞を取り囲んでいる基本構造．脂質二重層でできている．
エンドソーム	エンドサイトーシスで取り込まれた小胞．
小胞体	細胞成分を作る場．細胞内での輸送にかかわる．
粗面小胞体	リボソームが付着した小胞体で，タンパク質の合成にかかわる．
リソソーム	加水分解酵素が入っており，細胞内で不要になった分子を分解する．
ペルオキシソーム	膜でできた小胞で，有機分子の酸化反応を行う．
ミトコンドリア	酸素呼吸によって細胞に必要な化学エネルギーATPを産生する．
細胞骨格	タンパク質でできた繊維構造．細胞の形や運動に関与する．

この節のキーワード

・遺伝情報(DNA)
・核膜孔
・二重膜

Biography

Robert Brown
1773～1858．イギリスのスコットランド生まれの植物学者．植物細胞中の核を発見した．「ブラウン運動」にもその名を残している．ブラウン運動がなぜ生じるのかは，後にアインシュタインが明らかにした．

2.2 核

核 (nucleus) は，細胞の遺伝情報 (DNA) の貯蔵庫である．歴史的にはブラウンによって発見された．核は，核膜と呼ばれる二重の膜構造で覆われている (図2.2)．核のなかで，DNAは特定のタンパク質と結合しクロマチンという複合体を形成している．細胞が分裂するとき，DNAは核のなかで複製を行いコピーを作る．このとき核膜は消失し，DNAは**染色体** (chromosome) という構造をとる．

核膜には核膜孔と呼ばれる穴が開いており，小分子は拡散によって自由に核膜孔を出入りできる．一方，巨大分子は核膜を通過できるという切符をもつものだけが核内に入る．特定のアミノ酸配列(核局在化シグナル)がその切符であ

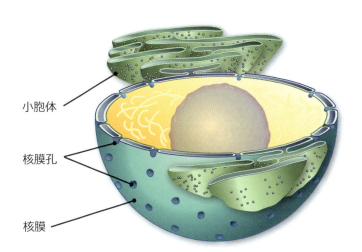

図2.2 動物細胞の核

る．核局在化シグナルをもつ分子だけが，エネルギーを使って能動輸送によって選択的に核内に運ばれる（図2.3）．核局在化シグナル部位は核輸送受容体に結合し，核膜孔を通過した後に核内で運ばれた巨大分子と離れる．

核膜の内側には核ラミナと呼ばれる繊維のネットワークが発達しており，核膜の構造を維持している．核ラミナは細胞分裂の際にはバラバラになって消失するが，核膜の形成とともに再びネットワークが形成される（図2.3）．

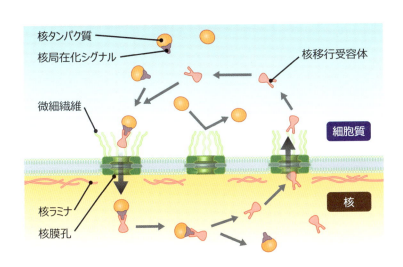

図2.3 核膜孔を使った輸送

2.3 ミトコンドリア

ミトコンドリア（mitochondria）の働きは，細胞に必要な化学エネルギーを

この節のキーワード
・細胞呼吸
・アデノシン三リン酸（ATP）
・二重膜
・共生

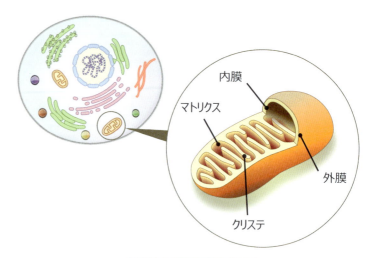

図2.4 ミトコンドリア

■ ATP
(アデノシン三リン酸；adenosine triphosphate). 細胞内の主要な化学エネルギー運搬体. アデニン, リボース, 3個のリン酸基でできている (図2.5).

作ることである (図2.4). 細胞はアデノシン三リン酸 (ATP) という分子を化学燃料として使っており, ミトコンドリアがそれを供給している. ミトコンドリアはグルコース由来の燃料分子を取り込み, それから ATP を合成する. この反応では酸素が使われるので, 細胞呼吸と呼ぶ. ミトコンドリアは細胞内の発電所ともいえる小器官である.

ATP の外側の二つのリン酸基は高エネルギーのリン酸無水結合なので, 末端のリン酸基を加水分解するとエネルギーが得られる (図2.5). 細胞はこの反応を利用してエネルギーを得て, さまざまな反応に使っている.

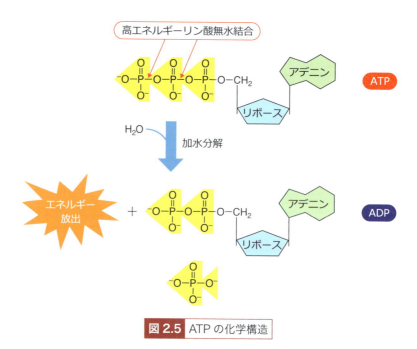

図2.5 ATP の化学構造

ミトコンドリアの大きさはおよそ 1 μm で二重の膜構造をもつ．外側を外膜，内側を内膜と呼ぶ．内膜は内側に突き出た筒状の構造をとっており，これを**クリステ**（cristae）と呼ぶ．また，ミトコンドリアは独自の DNA をもち二分裂で増えることができる．ミトコンドリアが細菌と同じくらいの大きさであることと独自の DNA をもつことから，ミトコンドリアはおそらく真核細胞の祖先細胞に飲み込まれて，互いに助け合って生き延びてきたのであろうと考えられている．この現象を(共生)と呼ぶ．

2.4 小胞体

小胞体（ER；endoplasmic reticulum）は，細胞成分を作る場で，核膜とつながっている．小胞体は，表面にリボソーム*¹（ribosome）が付着した**粗面小胞体**（rough ER）と，表面が滑らかな**滑面小胞体**（smooth ER）に分けられる（図 2.6）．粗面小胞体では，リボソームを使ってタンパク質が合成されている．粗面小胞体で合成されたタンパク質は，小胞体の内腔に移行し，輸送小胞によって**ゴルジ体**（Golgi body）に運ばれる．このゴルジ体で修飾を受けた後に，細胞外に分泌されたり，膜タンパク質になったり，あるいは特定の細胞小器官に機能分子として輸送される．一方，滑面小胞体は脂質やステロイドの合成や，分子の化学修飾を行う．

小胞体には**シャペロン**（chaperone protein）と呼ばれるタンパク質があり，粗面小胞体で合成されたタンパク質の品質を管理している（図 2.7，6.3 節参照）．小胞体で合成されたタンパク質は，正しく折りたたまれた場合だけ，輸送小胞を使ってゴルジ体に送られる．誤って折りたたまれたタンパク質は，シャペロンが結合して正しい折りたたみを手助けする．折りたたみがうまくいかな

この節のキーワード
・粗面小胞体
・滑面小胞体
・リボソーム
・タンパク質の品質管理

*1 リボソームについては第 13，14 章で詳しく述べる．

リボソーム　粗面小胞体　滑面小胞体　表面が滑らか

図 2.6 小胞体

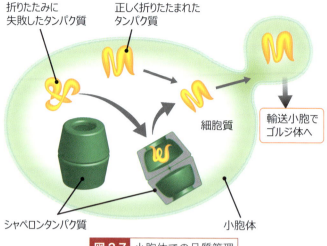

図 2.7 小胞体での品質管理

いタンパク質は細胞質に送り返され分解される．このように小胞体には，合成されたタンパク質の品質管理システムが備わっている．

この節のキーワード
・化学修飾
・シス面
・トランス面
・輸送小胞

Biography
Camillo Golgi
1843〜1926，イタリアの科学者．ゴルジ染色という神経細胞の染色法の考案者としても著名．1906年にノーベル生理学・医学賞を受賞．

2.5 ゴルジ体

ゴルジ体は，ゴルジによって発見された細胞小器官で，膜でできた平たい構造が重なったもので，核のそばに位置している（図2.8）．ゴルジ体では，小胞体で作られたタンパク質や脂質の化学修飾を行い，細胞外や細胞小器官など特定の細胞内区画に分子を送り出す．

ゴルジ体は核と細胞膜の間に位置しており，ゴルジ体の核に面したほうをシ

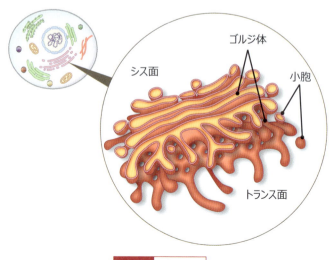

図 2.8 ゴルジ体

ス面，細胞膜に面したほうをトランス面と呼ぶ．小胞体で作られたタンパク質は，小胞体内でパッキングされて輸送小胞の形で運ばれ，ゴルジ体のシス面で受け入れられる．そこで修飾を受けたタンパク質は，トランス面から別の輸送小胞を使って放出され，特定の細胞内区画や細胞外に分泌される．

2.6 リソソーム

リソソーム（lysosome）は膜でできた小胞で，不要な生体高分子を分解する細胞内消化の場である（図2.9a）．細胞内のごみ処理施設ともいえる小器官である．

リソソームは多種類の加水分解酵素（消化酵素）を含んでおり，不要になったタンパク質，多糖類，核酸などの高分子が加水分解されて単量体になる．リソソームに含まれる消化酵素は酸性の環境で力を発揮するので，リソソーム内はpH 5.0程度の酸性状態になっている（図2.9b）．プロトン（H^+）ポンプを使ってH^+を運び込むことにより，これを実現している．細胞質は中性環境（pH 7.2程度）なので，万が一リソソームが破裂して消化酵素が細胞質中に漏れ出しても力を発揮できないため，細胞がすぐに破壊されることはない．

細胞は**エンドサイトーシス**（endocytosis；飲食作用）や**ファゴサイトーシス**（phagocytosis；食作用）という方法で細胞内に栄養分や異物を取り込む．リソソームはこうして細胞内に入ってきた物質を取り込んで分解する．エンドサイトーシスについて，詳しくは3.2節で解説する．

また細胞が自分のなかの不要になったタンパク質を小胞にしてリソソームに取り込ませる**オートファジー**（autophagy；自食作用）という仕組みもある．たとえば古くなったミトコンドリアなどの細胞小器官は，膜で包まれた後，リソソームと融合することで消化される．大隅良典がこのオートファジーの研究によってノーベル賞を受賞したのは記憶に新しい．

この節のキーワード

・加水分解酵素
・エンドサイトーシス
・食作用
・オートファジー

■**ファゴサイトーシス**
アメーバやマクロファージなどの細胞が，微生物，死んだ細胞，微粒子など，比較的大きな物質を取り込む過程．エンドサイトーシスの一種．

■**頂端部と基底部**
頂端部は細胞の先端部分で，基底部は細胞の底辺部のことで，それぞれ反対側にある．図3.23を参照．

Biography
大隅良典
1945～，福岡県出身の日本の分子細胞生物学者．現象としては知られていたがほとんど研究されていなかったオートファジーに光を当て，その仕組みと重要性を解き明かした．現在も東京工業大学で研究を続けている．2016年ノーベル生理学・医学賞を受賞．

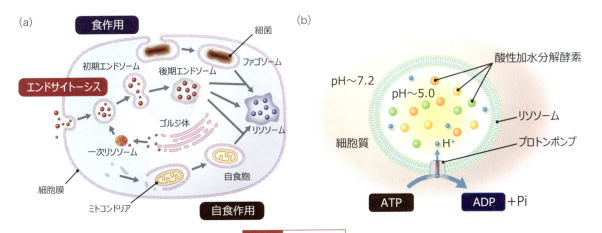

図2.9 リソソーム

この節のキーワード

・ペルオキシソーム
・エンドソーム

■ カタラーゼ
酵素の一つ．過酸化水素を使ってアルコールなどの有機化合物を酸化したり，過酸化水素を水に変換する．

2.7 ペルオキシソームとエンドソーム

ペルオキシソーム（peroxisome）は膜でできた小胞で，過酸化水素の生成と分解，有機分子の酸化，脂質の分解にかかわっている．代謝の途中で生成する過酸化水素は細胞にとって有害なので，ペルオキシソームに集められ，カタラーゼによって分解される．

エンドソーム（endosome）も膜でできた小胞で，エンドサイトーシスで細胞内に取り込まれた小胞が融合してできる．エンドソームは，初期エンドソームと融合する．初期エンドソームは後期エンドソームへと成熟し，最終的にリソソームと融合して内容物が消化分解される（図 2.10）．

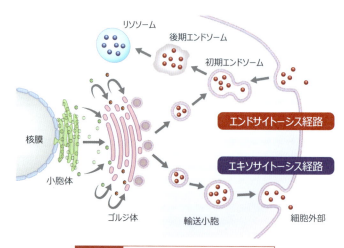

図 2.10 細胞内区画と小胞による輸送

この節のキーワード

・アクチン繊維
・微小管
・中間径フィラメント

2.8 細胞骨格

真核生物の細胞内には，タンパク質繊維のネットワークが発達しており，**細胞骨格**（cytoskeleton）と呼ばれる．細胞骨格の働きとしては，①細胞の形態や運動の調節，②シグナル伝達の制御，③細胞内輸送や細胞小器官の細胞内配置の調節，④細胞分裂，などがあげられる．細胞骨格は3種類の繊維でできており，それぞれアクチン繊維，微小管，中間径フィラメントと呼ばれ，特徴的な構造と機能をもつ（表 2.2）．

細胞骨格を形成している繊維は動的な構造をもっており，繊維を作っているタンパク質の構成単位（サブユニット；subunit）が必要に応じて重合・脱重合を繰り返し，その結果，繊維が形成されたり消失したりする（図 2.11）．

2.8.1 アクチン繊維

アクチン繊維（actin filament）は，細胞骨格のなかで最も細い繊維で直径 7

表 2.2　3種類の繊維構造の比較

名　称	アクチン繊維	微小管	中間径フィラメント
ヌクレオチド	ATP	GTP	結合しない
強度	ゲル構造や束化する	強く折れにくい	張力に抵抗性がある
重合	さまざまな因子で調節される	微小管形成中心から重合	他の繊維に沿って重合
動態	活発	活発	低い
極性	極性あり	極性あり	極性なし
モータータンパク質	ミオシン	キネシンとダイニン	なし
細胞機能	収縮や膜骨格	細胞内輸送や核分裂	細胞内強度の維持

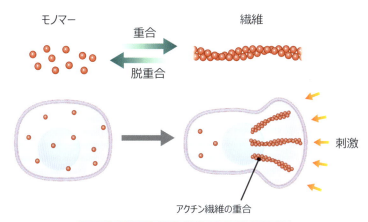

図 2.11　細胞骨格は動的な構造体である

nmの二本鎖らせん構造でできている．G-アクチン (globular actin) というサブユニット分子が重合してアクチン繊維になる．G-アクチンはATPと結合しており，ATPを加水分解する酵素活性 (ATPアーゼ) をもつ．アクチン繊維の一方の端 ((+) 端) ではG-アクチンの重合の速度が速いのに対し，もう一方の端 ((−) 端) では重合が遅いので，繊維に方向性が生じる．

アクチン繊維の方向性は，**ミオシン** (myosin) というモータータンパク質 (motor protein)[*2] の動く方向を決めており，細胞内で重要な意味をもつ．アクチン繊維は骨格筋の主要構成成分で，ミオシンと相互作用し筋肉を収縮させる（図2.12）．ミオシンは筋肉細胞だけでなく，一般細胞でもモータータンパク質として働いており，細胞の収縮を引き起こす．また，細胞内にはアクチン繊維やGアクチンと結合するさまざまなタンパク質 (アクチン結合タンパク質) が存在し，アクチン繊維の重合・脱重合やネットワークの形成を制御している（表2.3）．

アクチン繊維は細胞膜直下でネットワークを形成しており，このネットワークは細胞皮層あるいは膜骨格と呼ばれる．すなわちアクチン繊維は細胞の表面が関係する運動にかかわっており，運動している細胞の仮足 (pseudopod) や細胞質分裂で見られる収縮環 (contractile ring) の形成に関与している．たと

[*2]　モータータンパク質については7.8節で詳しく述べる．

■ **仮足**
アメーバ様細胞が運動するときに出す細胞表面の大きい太い突起．アクチン繊維に富んだ細胞膜の突起である．

■ **収縮環**
分裂中の細胞にできるアクチン繊維とミオシンで構成される帯状構造．収縮環は細胞を二つに分断する．これを細胞質分裂という．

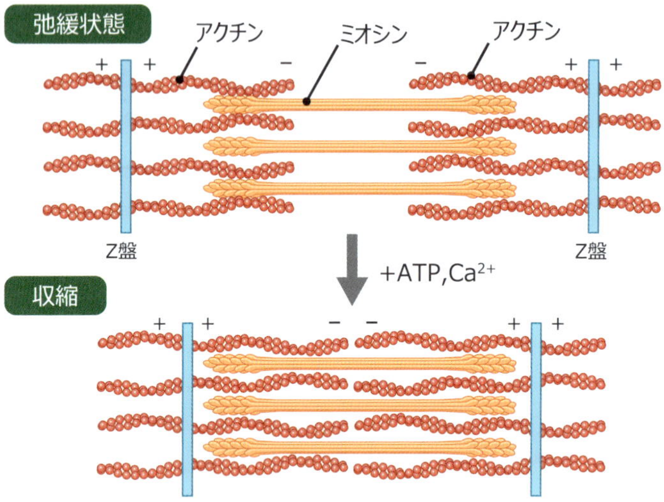

図2.12 筋収縮の滑り機構

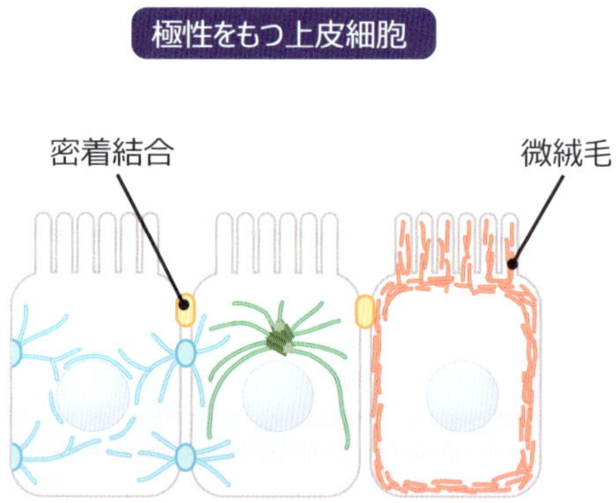

図2.13 上皮細胞

表2.3 アクチン結合タンパク質

名称	アクチンへの作用
プロフィリン	G-アクチンに結合してF-アクチンへの結合を調節
ゲルゾリン	F-アクチンをCa^{2+}依存的に切断
CapZタンパク質	F-アクチンの(+)端に結合
トロポミオシン	F-アクチンの側面に結合
フィラミン	F-アクチンを格子状に架橋
ファシン	F-アクチンを束化
ERM (Ezrin/Radixin/Moesin)	F-アクチンと細胞膜を連結

えば，小腸上皮細胞の頂端部に発達している突起構造(微絨毛)もアクチン繊維の束でできている(図2.13)．

2.8.2 微小管

微小管(microtubule)は，チューブリンの二量体がサブユニット分子として重合した，直径25 nmの中空の管の形をしている（図2.14 a）．チューブリンにはGTP（グアノシン三リン酸；guanosine triphosphate）が結合していて，重合の際にGTPは加水分解されてGDPになる．微小管はアクチン繊維と同じように重合の速い(+)端と遅い(−)端をもつ．

微小管は，細胞内で核のそばにある中心体（centrosome；微小管形成中心）と呼ばれる構造体から伸長し，(+)端を細胞膜に向けてネットワークを作っている．この微小管をレールにして**キネシン**(kinesin)と**ダイニン**(dynein)が小胞を輸送したり，細胞小器官を細胞内に配置したりしている（図2.14 b）．キネシンやダイニンは，ミオシンと同様にモータータンパク質の一つである．

モータータンパク質の他にも微小管に結合して機能するタンパク質が知られ

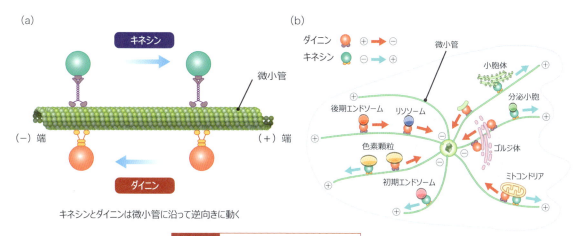

図 2.14 微小管モータータンパク質
(a) キネシンとダイニン，(b) 細胞内輸送．

ており，微小管結合タンパク質（microtubule associated proteins；MAPs）と呼ばれる（表 2.4）．細胞分裂期には，微小管は紡錘体（mitotic spindle）という二つの極をもつ構造を作る．紡錘体の微小管は染色体に結合しており，有糸分裂のときに染色体を二つの娘細胞に分配する働きをする（図 2.15，3.4 節参

表 2.4 微小管結合タンパク質

名　称	微小管への作用
スタスミン	サブユニットに結合して重合阻害
EB1	(+)端に結合
MAP2	微小管の側面に結合して安定化
タウ	微小管の側面に結合して安定化
カタニン	微小管を切断
キネシン	モータータンパク質
ダイニン	モータータンパク質

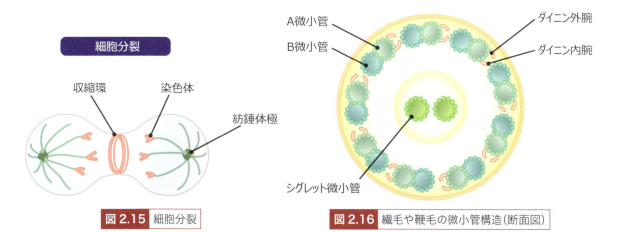

図 2.15 細胞分裂

図 2.16 繊毛や鞭毛の微小管構造（断面図）

■ 鞭毛と繊毛

鞭毛と繊毛は，真核生物に広く見られる運動器官．ゾウリムシなどの単細胞生物や動物精子の遊走器官として働く．また，輸卵管や気管支の上皮細胞表面には多数の繊毛が見られ，細胞表面の液体の流れを作り出し，気管支からの老廃物の排除や輸卵管での卵の移動を助けている．鞭毛は，むち状の長い突起構造で，繊毛は，真核細胞の毛状の突起物である．

照）．精子や原生動物の鞭毛（flagellum, pl. flagella）・繊毛（cillum, pl. cilia）も微小管でできており，モータータンパク質であるダイニンを使って鞭毛・繊毛を動かす．鞭毛や繊毛の微小管は，細胞質の微小管と異なる特殊な構造をもつ（図2.16）．

2.8.3 中間径フィラメント

中間径フィラメント（intermediate filament）は，直径約10 nmのロープ状の構造をしており細胞の構造（形状）を支えている．中間径フィラメントにはさまざまなサブユニットがあり，それらが二量体，四量体，八量体を形成し，最終的に強い構造の繊維を作る．中間径フィラメントのサブユニットには，アクチンやチューブリンと異なり，ATPやGTPなどのヌクレオチドが結合しない．また，重合した繊維には方向性がなく，モータータンパク質も存在しない．中間径フィラメントは構造的に安定で，あまり重合・脱重合しない．例外は，核膜の裏打ち構造である核ラミナで，これは有糸分裂のとき脱重合を起こして核膜の分散にかかわり，分裂後に重合して核膜の再構築に関与している．

代表的な中間径フィラメントとして，①上皮細胞にあるケラチン，②結合組織細胞，筋肉細胞，神経系のグリア細胞（glial cell）に発現しているビメンチン，③神経細胞に見られるニューロフィラメント，④動物細胞の核膜にある核ラミンなどがある（表2.5）．上皮細胞にあるケラチンは，デスモソームやヘミデスモソーム[*3]と結合し，細胞接着にかかわっている．

*3 デスモソームとヘミデスモソームについては，3.6節（図3.21と表3.7）を参照．

表2.5 中間径フィラメントの種類

タンパク質の名称	分布
ケラチン（keratin）	上皮細胞
デスミン（desmin）	筋肉
ビメンチン（vimentin）	間葉細胞
ニューロフィラメント（neurofilamnet）	神経細胞
ラミン（lamin）	核

この節のキーワード

- 葉緑体
- 細胞壁
- 液胞
- 光合成

2.9 植物細胞の細胞小器官

植物細胞に特徴的な構造として，葉緑体，細胞壁，液胞があげられる（図2.17）．**葉緑体**（chloroplast）は光合成を行う器官で独自のDNAをもつ（図2.18）．葉緑体内部にある緑色色素クロロフィルによって太陽光のエネルギーをとらえ，これから糖分子を作り，副産物として酸素を放出する．**細胞壁**（cell wall）は，セルロースやペクチンなどの高分子と細胞壁タンパク質でできており，植物の構造（形態）の形成に重要な役割をもつ．**液胞**（vacuole）は，液胞膜に囲まれた構造で，多くの代謝産物の蓄積と分解を行う．動物細胞のリソソームの役割を果たしている．

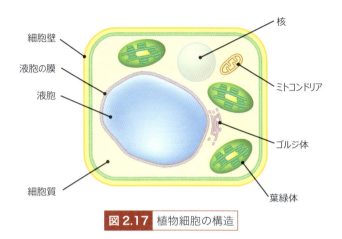

図 2.17 植物細胞の構造

　光合成について，もう少し説明しておこう．動物や植物が生きるのに必要な炭水化物は，植物が光合成によって作り出している．光合成は，植物の葉緑体で行われる．葉緑体は太陽光のエネルギーを取り込むと，大量の ATP と NADPH を生産する．この反応では，電子が水分子 H_2O から引き抜かれ，酸素 O_2 が副産物として放出される．この過程は光合成の第一段階で，明反応とも呼ばれる．明反応は，葉緑体のチラコイド中で起きる．光合成の第二段階は，ATP と NADPH（ニコチンアミドアデニンジヌクレオチドリン酸；nicotinamide adenine dinucleotide phosphate）を使って，二酸化炭素 CO_2 から糖質を作る炭素固定反応である．これは太陽光がなくても起こるので，暗反応と呼ばれる．暗反応はストロマで起きる（図 2.19）．

　このように，動物と植物が地球上で生きるために必要なエネルギーの源は太陽光である．すなわち，植物は太陽光のエネルギーを使って，水分子と二酸化炭素から炭水化物と酸素を光合成で作り出す．動物は，植物の作った炭水化物を食物として摂取し，生命活動に使っている．さらに動物は酸素を使って，植物が利用する二酸化炭素を作り出す．こうして見ると動物と植物は太陽エネル

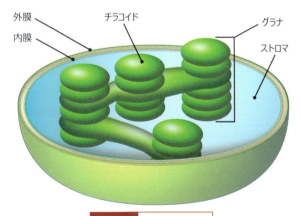

図 2.18 葉緑体の構造

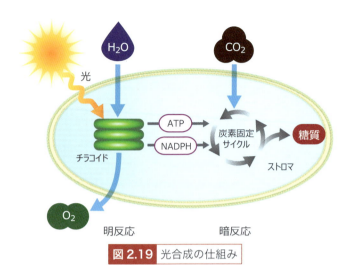

図2.19 光合成の仕組み

ギーのもとで，密接にかかわり合いながら地球上で生存していることがわかる．

確認問題

1. 次にあげる細胞小器官の構造と機能を説明せよ．
   - ミトコンドリア
   - ペルオキシソーム
   - リソソーム
2. 小胞体からゴルジ体へタンパク質はどのように運ばれるか説明しなさい．
3. 細胞骨格を作っている3種類の繊維の構造と機能を述べよ．

Column　細胞小器官と病気の関係

　細胞小器官は，細胞の活動に必須な構造体であり，その異常は重篤な疾患を引き起こすことが知られている．いくつか例をあげてみよう．

●リソソーム病（リソソーム蓄積症）

　リソソームにある酵素活性が欠損すると，リソソームで分解されない物質が生じる．その分解されない糖質ないし脂質が異常に蓄積して発病する遺伝性疾患である．リソソームはすべての細胞で機能している．また，リソソームが分解できない物質を作らないようにするのは難しい．そのため治療は困難であり，現在有効な治療法は存在しない．

●ミトコンドリア病

　ミトコンドリアの異常による病気で，十分にエネルギーを産生できなくなることによって起こる．ATPの要求度が高い組織（脳や骨格筋，心筋）に異常が生じることが多い．また解糖系が過剰に働く結果，ピルビン酸や乳酸が蓄積することも病態を引き起こす原因になっていると考えられている．

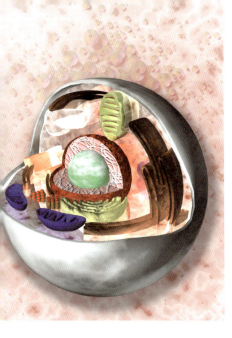

第3章

細胞の構造と機能 (2)

この章で学ぶこと

細胞は細胞膜で包まれた容器であり，そのなかにある多くの細胞小器官も細胞膜で包まれた構造をしている．本章では細胞膜の化学的特徴を述べ，それが細胞膜の働きにいかにうまく活かされているかを説明する．

細胞は細胞膜で取り囲まれているため，物質を取り込んだり放出したりするための仕組みが必要である．その仕組みが小胞輸送である．細胞は物質の取り込みや放出，細胞区画内での物質のやり取りを，小胞を使って実現している．また細胞は，外界からの刺激を細胞内に伝達し，運動，代謝，増殖などさまざまな応答を行う．この現象を細胞内シグナル伝達と呼び，本章でこの仕組みを解説する．

細胞は，細胞分裂で増殖する．この過程ではDNA複製やタンパク質合成などが段階的に進行する．これらのステップはきわめて厳密に制御されており，これを細胞周期と呼ぶ．また，細胞は必要に応じて自分を死滅させるプログラムをもち，これをアポトーシスと呼ぶ．さらに多細胞生物では，細胞どうしが集まって組織を形成している．本章では，細胞が示すこれらの基本的な働きについて説明する．

3.1 細胞膜

この節のキーワード
・脂質二重層
・親水性
・疎水性
・膜タンパク質

3.1.1 細胞膜の構造

細胞とそのなかにある多くの細胞小器官は，**細胞膜**（plasma membrane）で包まれている．この細胞膜は，**脂質二重層**（lipid bilayer）からなる（図3.1）．膜の脂質のうち最も大量に存在する分子はリン脂質で，リン酸基を含んだ頭部と二つの脂肪酸とをもつ．細胞の外側と内側（細胞質）は大部分が水分子であり，水分子内では電気陰性度の高い酸素原子が二つの水素原子から電子を引き寄せている．その結果，水分子は分極しており，負に荷電した酸素原子と正に荷電した水素原子が水素結合で引き合い，水分子は溶液中で格子状のネットワークを作っている．水の性質について，詳しくは4.1節で述べる．

したがって電荷をもつ分子は水になじみやすく，**親水性**（hydrophilic）の分子と呼ばれる．逆に，電荷をもたない分子は水になじみにくく**疎水性**（hydrophobic）の分子と呼ばれる．疎水性の分子は水分子の水素結合の網目構

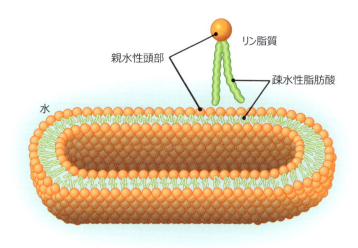

図 3.1 細胞膜はリン脂質二重層でできている

造に入り込むことができず，水にはじかれる．

　細胞膜を作っているリン脂質の脂肪酸は炭化水素の鎖でできており，電荷をもたず疎水性である．逆にリン酸基は電荷をもつので，リン脂質の頭部は親水性である．そこで，リン脂質は疎水性の脂肪酸が水に接しないように二重のサンドイッチ構造になっている．すなわち，内側に疎水性の脂肪酸を，外側に親水性の頭部を並べた構造(脂質二重層)をしている(図 3.1)．

3.1.2 細胞膜の役割

　細胞膜は，細胞にとってきわめて重要な働きをしている（図 3.2）．細胞は，外界からさまざまな刺激を受け取り応答する．すなわち細胞は，ホルモン，増

■ホルモン
細胞外シグナル分子の一種で，動物では特定の細胞がホルモンを分泌し，それが血流に乗って全身に運ばれ，標的組織の細胞に作用を及ぼす．一般にホルモンは，体内で長時間安定に存在し全身を循環する．動物では，ホルモンを生産する細胞を内分泌細胞と呼ぶ．

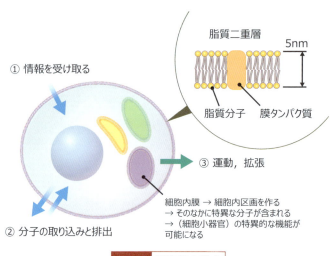

図 3.2 細胞膜の働き

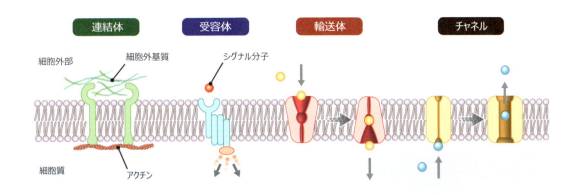

図 3.3 膜タンパク質

殖因子，走化性因子などのさまざまな情報を受け取る器である．この外界からの情報の受け取りや放出に，細胞膜が大きくかかわっている．また，細胞の形の変化や運動は，細胞膜の構造変化の結果として生じる．

　これら多くの細胞膜の働きは，脂質二重層に埋め込まれた**膜タンパク質**（membrane protein）が担っている（図3.3）．たとえばホルモンや増殖因子に結合し，その情報を細胞内に伝える**受容体タンパク質**（receptor protein）[*1] は膜タンパク質の一種である．受容体タンパク質が発現していない細胞は，ホルモンが周りに高濃度にあっても反応しない．また，細胞内外のイオン分子やグルコースなどの大型分子は，細胞膜にある**チャネルタンパク質**（channel protein）や**運搬体タンパク質**（carrier protein）を使って運ばれる（図3.3）．これらも膜タンパク質である．また細胞が運動するときには，接着分子（インテグリン）と呼ばれる膜タンパク質が細胞外の物質に結合してキャタピラのような働きをして細胞の移動を可能にする（図3.4）．表3.1に細胞膜にあるタンパ

■**走化性因子**
拡散性の細胞外シグナル分子で，細胞や生物体がその方向に向かう，あるいは遠ざかる反応を引き起こす．たとえば白血球の一種である好中球は，細菌が出す小分子によって活性化され細菌をとらえるまで遊走し，細菌を取り込んで食菌する．

[*1] 受容体タンパク質については3.3節で詳しく述べる．

■**膜タンパク質**
細胞膜の脂質二重層に結合したタンパク質．細胞膜を介した物質の輸送や細胞外分子との結合，シグナル分子の受容体など細胞のさまざまな機能にかかわっている．膜タンパク質は細胞膜を貫通している膜内在性タンパク質とその他の膜表在性タンパク質に分けられる．

■**インテグリン**
接着分子の一つで，細胞膜を貫いている膜貫通型タンパク質である．細胞の細胞外基質との接着や細胞運動にかかわっている．インテグリンの細胞内ドメインは，一連の連結タンパク質を介してアクチン細胞骨格と連絡している．

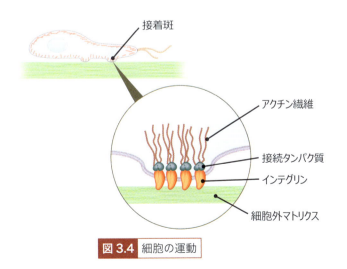

図 3.4 細胞の運動

表3.1 代表的な膜タンパク質の例とその働き

名称	タンパク質の例	働き
輸送体	Na^+K^+ ポンプ	細胞内の Na^+ を外に，細胞外の K^+ を内側に運搬する．
イオンチャネル	電位依存性 Na^+ チャネル	膜電位の変化に応答して開き，Na^+ を細胞内に流入させる．細胞の活動電位にかかわる．
連結体	インテグリン	細胞外マトリクスと細胞内のアクチン繊維をつなげる．
受容体	インスリン受容体	ホルモンであるインスリンに結合し，細胞内にインスリンのシグナルを伝達する．
酵素	ホスホリパーゼC	細胞外からのシグナルに応答して膜のイノシトールリン脂質を加水分解し，シグナル伝達分子を生産する．

ク質とその働きについて代表的なものをまとめた．

細胞は，必要に応じてエネルギーを使いながら濃度勾配に逆らって分子を細胞膜内外に運ぶこともある．このエネルギーを使う輸送を**能動輸送**（active transport）という．能動輸送は，電気化学的勾配に逆らったエネルギー的に不利な方向への分子輸送である．そのためATPの加水分解や他のエネルギーの供給が必要である．

一方，エネルギーを使わない輸送は**受動輸送**（passive transport）という．受動輸送はエネルギー的に有利な方向へ分子が膜を通過する輸送である．

3.2 小胞による取り込みと輸送

3.2.1 エンドサイトーシス

細胞には，細胞外の物質を細胞内に取り込む仕組みが発達している．この作用をエンドサイトーシス（飲食作用）と呼ぶ（図3.5）．取り込みたい物質が細胞膜の受容体に結合すると，細胞膜が内側にへこみ，物質を取り囲んだ小胞ができる．逆に，細胞内の物質を小胞を使って細胞外へ出すのがエキソサイトーシ

この節のキーワード
・エンドサイトーシス
・エキソサイトーシス
・小胞輸送
・被覆小胞
・SNARE

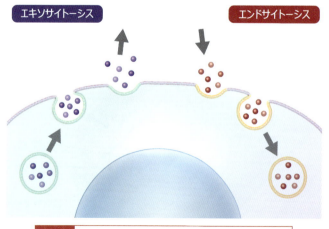

図3.5 エキソサイトーシスとエンドサイトーシス

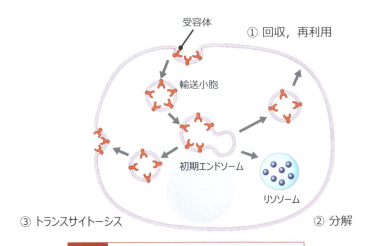

図 3.6 初期エンドソームによる受容体の選別

ス（開口分泌）である．

エンドサイトーシスで取り込まれた物質は初期エンドソーム（2.7 節参照）と融合し，初期エンドソームは後期エンドソームへと成熟し，最終的にリソソームと融合してそこで分解される．また，エンドサイトーシスで取り込まれた受容体は，①本来，その物質が存在したもとの場所に戻る（回収，再利用），②リソソームに送られ分解される，あるいは③細胞膜の別の領域に送られる（トランスサイトーシス）の道をたどる（図 3.6）．

エンドサイトーシスで取り込まれた受容体の大部分は，元の場所に戻り，再利用される（①）．②の例は上皮増殖因子である．上皮増殖因子は取り込まれるとリソソームで分解される．その結果，細胞膜にある上皮増殖因子受容体の数が減少し，細胞の上皮増殖因子に対する感度が減少する．また，③の例は頂端部と基底部のように極性をもつ上皮細胞である．上皮細胞にある受容体は取り込まれるとトランスサイトーシスで反対側に運び出されることが知られている．

マクロファージ（macrophage）などの貪食細胞は，バクテリアをエンドサイトーシスで取り込んで消化する（図 3.7）．この作用をファゴサイトーシス（食作用）と呼ぶ．

■**マクロファージ**
食作用に特化した白血球細胞．組織中に存在し，侵入した微生物を捕食したり，老化した細胞やアポトーシスで死んだ細胞を取り込み除去する働きがある．

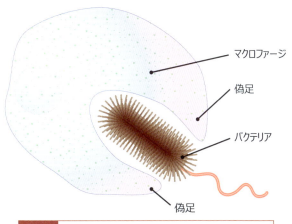

図 3.7 バクテリアを捕食しているマクロファージ

3.2.2 小胞輸送とエキソサイトーシス

細胞内で合成された脂質やタンパク質は小胞に包まれた形で細胞区画内を輸送される．たとえば小胞体で合成されたタンパク質は，小胞内部にパッケージングされて小胞の形でゴルジ体に運ばれ，そこで化学修飾を受けた後，再び小胞内にパッケージングされて特定の細胞内区画に輸送される（図 3.6）．この輸

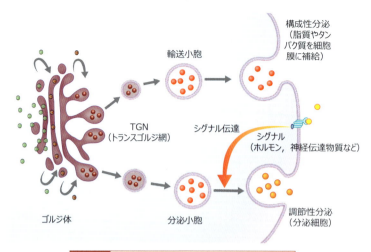

図3.8 分泌細胞の構成性分泌と調節性分泌

送を**小胞輸送**（vesicular transport）とも呼ぶ．

　小胞輸送のなかには，細胞膜まで小胞が輸送された後，細胞膜と融合して内容物が細胞の外に放出されることがある．この作用を**エキソサイトーシス**（exocytosis；開口分泌）と呼ぶ（図3.5，3.6）．エキソサイトーシスには脂質や膜タンパク質を補給する働きがあり，この分泌を構成性分泌と呼ぶ（図3.8）．一方，マスト細胞などの分泌細胞は，外からの刺激が来るとヒスタミンなどを細胞外に分泌する．また膵臓のベータ細胞は，細胞外グルコースの刺激でホルモンであるインスリンを細胞外に放出する．このような種類の分泌を調節性分泌と呼ぶ（図3.8）．

　小胞輸送で使われる小胞は，膜から出芽して形成される．膜から出芽する小胞は，独自の被覆で覆われているため**被覆小胞**（coated vesicle）と呼ばれる．被覆小胞の形成には複数の分子が関与している（図3.9）．まず，小胞体膜表面

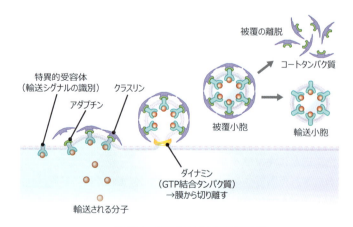

図3.9 被覆小胞の形成機構

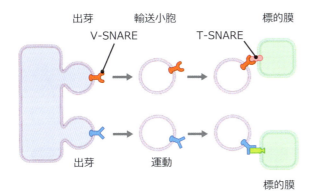

図 3.10 SNAREタンパク質
輸送小胞の輸送先の選別にかかわる．

に存在する受容体タンパク質が輸送される分子と結合する．そこにアダプチン(adaptin)が結合し，さらにクラスリン(clathrin)タンパク質が結合する．クラスリンが重合してボール様の構造を作り，被覆小胞ができる．次にダイナミン分子(dynamin)が小胞体膜を切断し，被覆小胞は小胞体膜から離れる．最後に，被覆小胞からアダプチンとクラスリンがはずれて輸送小胞になる．

輸送小胞では，小胞は行き先（融合先）を間違えることなく輸送される．これはSNAREタンパク質ファミリーが，輸送小胞と標的膜とを認識する荷札として働いているからだと考えられている．小胞膜にはV-SNARE，標的膜にはT-SNAREがついており，両者のペアが一致すれば特異的に結合する（図3.10）．

3.3 シグナル伝達

われわれのカラダを作っている細胞には，ホルモンや増殖因子などさまざまな**シグナル分子**（signal molecule）を出している情報発信細胞と，それを受け取り形態，運動，代謝，遺伝子発現の変化などさまざまな応答を行う標的細胞がある（図3.11）．この標的細胞には，シグナル分子を受け取る**受容体**(receptor)タンパク質が発現しており，シグナル分子が受容体タンパク質に結合すると細胞内にシグナルが伝達される．

動物細胞ではシグナル分子を使って，細胞間にさまざまな相互作用が生じている（図3.12，表3.2）．シグナル分子は，タンパク質や低分子化合物などさまざまな物質でできている（表3.3）．多くのシグナル分子は親水性の小分子で細胞膜を通過できないので，細胞膜の受容体タンパク質を使って細胞内に入る（図3.14を参照）．細胞表面型受容体は，イオンチャネル連結型，Gタンパク質共役型，酵素連結型受容体の3種類に大きく分けられる．それぞれの詳細は図3.13，表3.4を見てほしい．

例外的に，ステロイドホルモン(steroid hormone)など一部の疎水性シグナ

この節のキーワード

- シグナル分子
- 受容体タンパク質
- 細胞応答
- タンパク質の機能変化
- タンパク質合成の変化

■ Gタンパク質
アメリカの生化学者であるギルマンとロッドベルによって発見された．彼らはこの功績により，1994年にノーベル生理学医学賞を受賞した．Gタンパク質については7.7節で詳しく述べる．

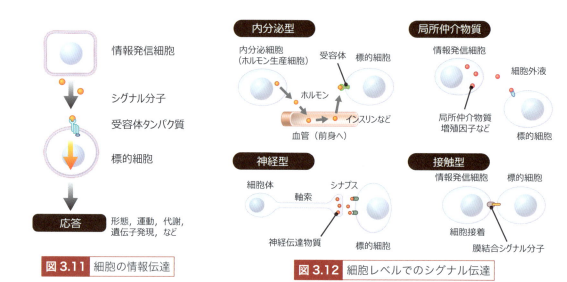

図 3.11 細胞の情報伝達

図 3.12 細胞レベルでのシグナル伝達

表 3.2 細胞レベルでのシグナル伝達

シグナル分子	細胞間連絡法
内分泌型	内分泌細胞で生産されたホルモンが血液中を通って全身に広がる.
局所仲介物質	細胞からシグナル分子が細胞外液に放出されて局所的に働く.
神経型	神経末端から神経伝達物質が放出される.
接触型	細胞表面の膜結合シグナル分子が隣の細胞の受容体タンパク質に結合する.

表 3.3 さまざまなシグナル分子

シグナル分子	細胞間連絡法	実体	働き
ホルモン			
アドレナリン	副腎	アミノ酸誘導体	血圧上昇,心拍数増加,代謝亢進
コルチゾール	副腎	ステロイド	代謝制御
エストラジオール	卵巣	ステロイド	女性の二次性徴の誘導と維持
テストステロン	精巣	ステロイド	男性の二次性徴の誘導と維持
インスリン	膵臓	タンパク質	血糖値の調整
グルカゴン	膵臓	ペプチド	グリコーゲンの分解促進
局所仲介物質			
ヒスタミン	肥満細胞	アミノ酸誘導体	血管の拡張,炎症の誘導
一酸化窒素	神経細胞,血管内皮細胞	気体	平滑筋の弛緩,神経細胞の調節
上皮増殖因子 (EGF)	多様な細胞	タンパク質	多様な細胞の増殖促進
血小板由来増殖因子 (PDGF)	血小板を含む多様な細胞	タンパク質	多様な細胞の増殖促進
神経成長因子 (NGF)	神経の分布している組織	タンパク質	神経の分化と生存
神経伝達物質			
アセチルコリン	神経末端	コリン誘導体	興奮性神経伝達物質
γ-アミノ酪酸	神経末端	アミノ酸誘導体	抑制性神経伝達物質
接触型シグナル分子			
デルタ	神経前駆細胞	タンパク質	周りの細胞が神経細胞に分化するのを防ぐ

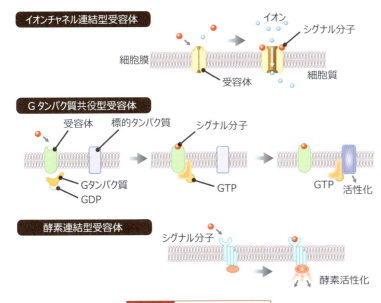

図3.13 細胞表面型受容体

ル分子は細胞膜を通過でき，細胞内にある受容体に結合する（図3.14）．

シグナル分子が細胞膜受容体に結合すると，細胞内にシグナルが伝達される（図3.14）．伝達されるシグナルには，大きく分けて2種類ある（図3.15，表3.5）．一つはタンパク質の活性を直接制御するもので，この伝達経路では応答が素早く起きる．もう一つのシグナル伝達は遺伝子の発現変化を伴うもので，シグナルが核のなかに伝わり，新たなタンパク質の合成を指令する．その新しいタンパク質の働きによって細胞応答が引き起こされるので，応答まで時間がかかる．

遺伝子発現の変化を伴わない素早い反応の例としては，アドレナリンによる肝臓細胞でのグリコーゲン（glycogen）の分解がある．一方，遅い応答としては，コルチゾールやエストラジオールなどのステロイドホルモンの受容体がかかわるシグナル伝達などがある．これら受容体は，細胞膜を通過して細胞内に入ったステロイドホルモンと結合すると，核のなかに移行して転写因子として働き，さまざまな遺伝子発現を調節する．転写の詳細については第12章を参照．

■ **ステロイドホルモン**

コレステロールから作られる疎水性脂質分子で，多くのホルモンがこれに属する．細胞の核内受容体を活性化し遺伝子発現に影響する．コルチゾール，エストラジオール，テストステロンなどがある．

表3.4 細胞表面型受容体

受容体	シグナル伝達様式	例
イオンチャネル連結型	細胞外シグナル分子が結合するとチャネルが開放する．	神経筋受容部にあるアセチルコリン受容体
Gタンパク質連結型	細胞外シグナル分子が結合するとGタンパク質が活性化し，細胞内にシグナルを伝える．	心臓にあるアドレナリン受容体
酵素連結型	細胞外シグナル分子が結合すると細胞内の酵素が活性化し，細胞内にシグナルを伝える．	上皮細胞にある上皮増殖因子受容体

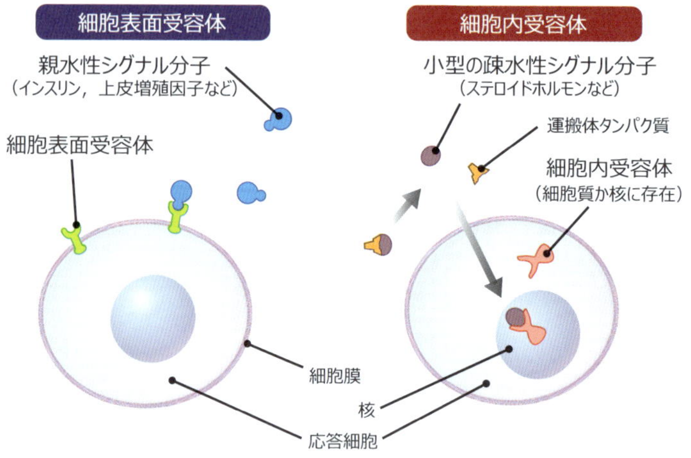

図3.14 細胞外シグナル分子と受容体

表3.5 細胞表面型受容体

シグナル応答の速さ	細胞内シグナル伝達様式	例
速い応答 （秒から分）	細胞内で酵素活性の変化などタンパク質の機能が変わって応答を起こす．	細胞の運動，分泌，代謝の変化
遅い応答 （分から時間）	細胞応答に遺伝子発現の変化や新しいタンパク質合成が必要．	細胞の分化や成長

■ **グリコーゲン**
グルコースの重合でできた多糖．動物細胞ではエネルギー貯蔵に使われる．特に肝臓細胞や筋細胞に多く存在する．

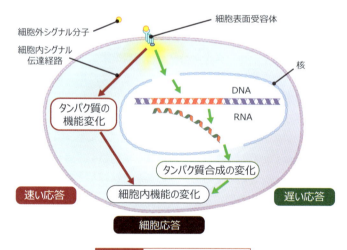

図3.15 速い応答と遅い応答
速い応答は分や秒の単位で，遅い応答は分や時間の単位で起きる．

この節のキーワード
・DNA複製
・細胞分裂
・有糸分裂
・細胞質分裂
・チェックポイント
・サイクリン
・サイクリン依存系キナーゼ

3.4 細胞周期とその制御

3.4.1 細胞周期

一つの真核細胞が二つの細胞に分かれることを細胞増殖と呼ぶ（図3.16）．

細胞増殖は四つのステップに分けることができる（図 3.17）．遺伝情報をもつ DNA を複製する期間を S 期（S は合成 synthesis の頭文字），複製した DNA（染色体）を二つの娘細胞に分配する期間を M 期（M は細胞分裂 mitosis の頭文字）と呼び，分裂してから次の S 期までを G1 期（G はギャップ gap の頭文字），S 期から M 期までを G2 期という．この四つのステップをあわせて**細胞周期**（cell cycle）と呼ぶ．

ヒトを含めた動物細胞は，1 回分裂するのにおよそ 1 日（24 時間）かかる．そのうち M 期は約 1 時間で終了する．M 期には，複製した染色体を両極に分離する**有糸分裂**（mitosis）と，それに続く細胞を二つに分ける**細胞質分裂**（cytokinesis）のステップがある．有糸分裂では微小管でできた紡錘体が染色体を分離し，細胞質分裂ではアクチン繊維でできた収縮環が細胞を二つに分ける（2.8 節参照）．分裂した娘細胞が小さくならないように，G1 期と G2 期ではタンパク質などの細胞成分が活発に合成されている．

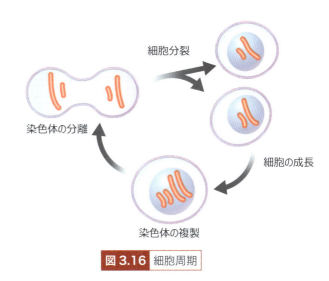

図 3.16 細胞周期

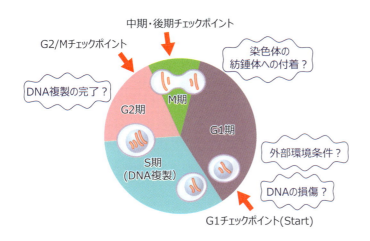

図 3.17 細胞周期とチェックポイント

3.4.2 細胞周期の制御

細胞周期は，チェックポイントと呼ばれる監視メカニズムが 3 カ所あり，そこで細胞周期を先に進めてよいかどうかを細胞が自己診断する（図 3.17）．G1 期から S 期に入る直前では，外部環境条件や複製する DNA に損傷がないかを診断する（G1 チェックポイント）．G2 から M 期に入る直前では，DNA の

図 3.18 サイクリンとサイクリン依存性タンパク質キナーゼ

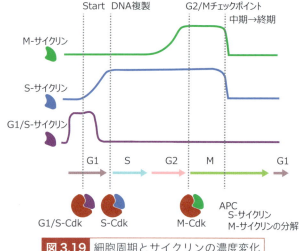

図 3.19 細胞周期とサイクリンの濃度変化

複製が完了したかチェックする（G2／Mチェックポイント）．また，M期の中間で赤道面に並んだ染色体が両極に分離する直前には，染色体が紡錘体にきちんと付着しているかをチェックする（中期・後期チェックポイント）．いったんチェックポイントを通過すると元には戻れない．また細胞はチェックポイントで不具合が見つかると，修復しようと試みる．修復可能なら修復が完了してから細胞周期を進める．修復できない場合は細胞周期の進行を止め，細胞はアポトーシスで自殺する．これは，染色体異常が蓄積して細胞ががん化したりするのを防ぐためである．アポトーシスの詳細は次節で述べる．

サイクリン依存性タンパク質キナーゼ（cyclin-dependent protein kinase；Cdk）[*2]が細胞周期制御系の主要成分である（図3.18）．G1期からS期，G2期からM期への移行は，それぞれ別のサイクリン依存性タンパク質キナーゼによって制御されている．サイクリン依存性タンパク質キナーゼはサイクリンというタンパク質と結合することにより活性化する．細胞周期に依存してサイクリンの細胞内の濃度が変化し，これによって細胞周期が制御されている（図3.19）．

これらの細胞周期の制御因子はナース，ハント，ハートウェルによって発見された．

[*2] タンパク質キナーゼについては 7.6 節で詳しく述べる．

Biography
Paul Nurse
1949 ～．イギリスの遺伝学者．2010 ～ 2015 年にイギリスの王立協会の会長を務めた．Richard Timothy Hunt (1943 ～) はイギリスの生化学者．ケンブリッジ大学出身．Leland H Hartwell (1939 ～) はアメリカの生物学者．がん研究に大きな影響を与えた研究者である．彼らは，細胞周期の制御因子の発見で 2001 年にノーベル生理学・医学賞を受賞．

この節のキーワード
・プログラム細胞死
・カスパーゼ
・マクロファージ
・壊死

3.5 アポトーシス

多細胞生物においては，不要になった細胞は自殺することが知られている（図3.20）．この現象を**アポトーシス**（apoptosis）と呼ぶ．アポトーシスは，細胞周期における DNA 損傷の修復が失敗したときや細胞分裂異常のときに観察される．それ以外にも発生において，手足の指と指の間の細胞はアポトーシスで除かれるなど，多細胞生物の発生にもかかわっている．

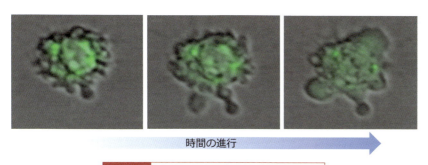

図 3.20 アポトーシスを起こしている細胞

時間の進行

アポトーシスではタンパク質の分解や細胞の断片化などが起こるが，これらは**カスパーゼ**（caspase）というタンパク質分解酵素の活性化によって誘導される．アポトーシスで死んだ細胞はマクロファージなどの貪食細胞に取り込まれるので内容物が外部に放出されないため，炎症反応を引き起こさない．これに対して，損傷で死ぬ（壊死した）細胞は破裂して周囲に内容物を放出するので炎症反応（inflammatory response）を引き起こす．

3.6 組織の成り立ち

多細胞生物では，細胞どうしが集まって**組織**（tissue）を形成している．代表的な組織は，筋肉，神経，血液，上皮組織，それに結合組織である（表3.6）．**上皮組織**（epithelial tissue）では，特殊な接着装置を使って上皮細胞どうしが結合し，シート状の構造を形成している（図3.21）．上皮細胞に見られる結合を表3.7にまとめた．

上皮組織は管を作って器官を形成する．その際，上皮組織は管の内腔に位置しており，体の外部と内部を分ける働きをしている．上皮組織の体側には基底膜（basement membrane）と呼ばれる構造があり，さらにその内側に結合組

この節のキーワード
・上皮組織
・結合組織
・細胞間接着
・細胞外マトリックス

表 3.6 動物の組織

名 称	特 徴
上皮組織	体表や内腔の内壁を覆う細胞が連続的につながったシート構造
結合組織	骨や腱などの組織．細胞外マトリックスが組織の大部分を占める
筋組織	横紋筋と平滑筋からなる
神経組織	神経系を構成する組織で，神経細胞と支持細胞からなる

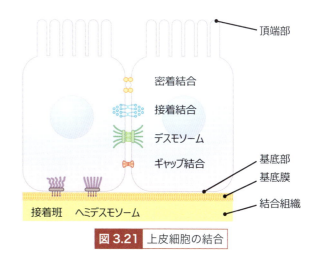

図 3.21 上皮細胞の結合

表3.7 上皮細胞の結合

名　称	機　能
密着結合	隣接する上皮細胞どうしを密着させて，細胞外の水溶性分子が細胞の間から漏れないようにする．
接着結合	隣接する上皮細胞どうしを結合させる．細胞質側にアクチン繊維の束が接着している．
デスモソーム	隣接する上皮細胞の中間径フィラメントを連結させる．
ギャップ結合	水溶性の小分子が細胞から細胞に移動する．
ヘミデスモソーム	細胞内の中間径フィラメントを基底膜につなぎ止める．
接着斑	細胞内のアクチン繊維を基底膜につなぎ止める．

織（connective tissue）がある（図3.22）．結合組織は繊維芽細胞（fibroblast）などの細胞とそれを取り囲む細胞外マトリクス（extracellular matrix）と呼ばれる繊維のネットワークでできており，プロテオグリカン（proteoglycan）と呼ばれる多糖とタンパク質の複合体とコラーゲン（collagen）[*3]などのタンパク質繊維でできている（表3.8）．

*3　コラーゲンについては6.3節で詳しく述べる．

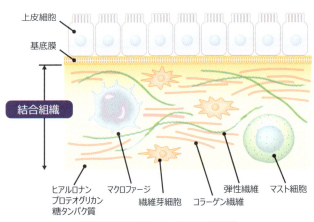

図3.22 上皮組織の成り立ち

表3.8 細胞外マトリクス分子の例

名　称	機　能
コラーゲン	繊維状タンパク質
エラスチン	弾性繊維タンパク質
プロテオグリカン	タンパク質と多糖の複合体
ヒアルロナン	多糖

確認問題

1. 細胞膜を作っている脂質二重層の特徴を説明しなさい．
2. 小胞体で作られたタンパク質が細胞外に分泌される経路を説明しなさい．
3. 細胞増殖因子が細胞膜受容体に結合したときに細胞内に伝わるシグナル伝達において，速い応答と遅い応答を引き起こす仕組みを説明しなさい．
4. 細胞周期のチェックポイントとは何か説明しなさい．
5. アポトーシスと壊死（ネクローシス）の違いを説明しなさい．
6. 上皮組織と結合組織の特徴を説明しなさい．

第4章

細胞の化学成分

この章で学ぶこと

本章では，細胞を作っている物質の特徴を学ぶ．細胞の重さのおよそ70％が水であるので，水の化学的性質が細胞内での物質の働きに大きく影響している．水に次いで多いのがタンパク質である．タンパク質は細胞のさまざまな働きを担っている機能分子である．他にも細胞内にはイオンや小分子があり，細胞内と細胞外で濃度に大きな差があるものも多い．またDNAやRNAなどの核酸，リン脂質，多糖も存在する．

細胞内の分子の多くは巨大分子であり，これらは構成単位にあたるアミノ酸，ヌクレオチド，単糖が重合して（次々に共有結合して）できたものである．またこれらの生体高分子の多くは炭素化合物であり，炭素原子Cを基本にして，水素H，酸素O，窒素Nによって主に組み立てられている．生体高分子どうしの相互作用では，水素結合，疎水結合，イオン結合など，共有結合ではない弱い結合が重要な働きをしている．水分子は分極しているので電荷をもつ分子は馴染みやすいが，電荷をもたない分子は水分子を避ける傾向がある．

4.1 水の性質

細胞を作っている分子で最も多いのが水分子で，細胞の重さのおよそ70％が水である（図4.1）．そのため，水の化学的性質が細胞内での化学反応に大き

この節のキーワード

- 分極
- 水素結合
- 親水性
- 疎水性

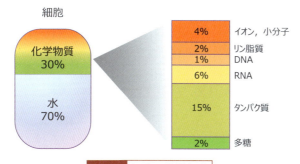

図4.1 細胞の化学組成

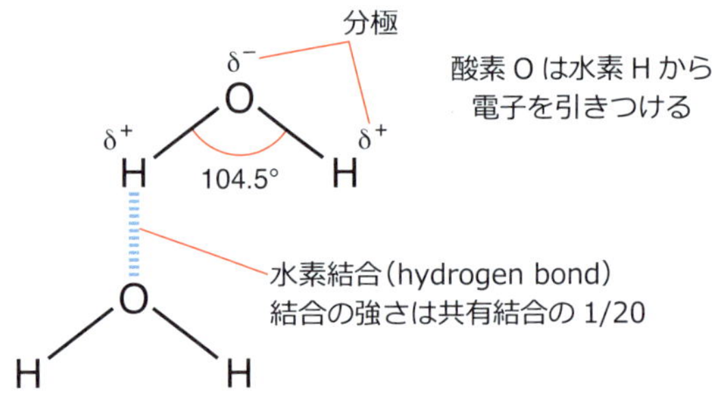

図 4.2 水分子の性質と水素結合

く影響している．水分子の特徴は分極していることである．酸素原子は電気陰性度が高いため，酸素原子に結合している二つの水素原子から電子を引きつける（図 4.2）．そのため酸素側が負に，水素側が正に分極する．したがって隣り合った水分子には，互いを引き合う力が生じる．この結合を**水素結合**（hydrogen bond）[*1]と呼び，その強さは共有結合に比べてはるかに弱い（表 4.4 を参照）．水分子は水素結合で結びつき格子を作って凝集しているため，比熱や気化熱が高いという性質をもつ．

*1 水素結合については 4.5 節で詳しく述べる．

このように水分子が分極しているため，電荷をもつ分子は水になじみやすく（**親水性**；hydrophilic），電荷をもたない分子は水分子になじみにくい（**疎水性**；hydrophobic）．たとえば，イオン性物質である食塩（Na^+，Cl^-）や，極性物質である尿素などは水によく溶ける．このような分子を親水性分子という（図 4.3）．逆に電荷をもたない非極性物質は疎水性分子であり，水に溶けにくい（図 4.4）．非極性物質の例として C-H 結合を多くもつ炭化水素があげられる．また，一つの分子内で親水性の領域と疎水性の領域を両方もつ分子を**両親媒性**（amphipathic）分子という．この例として，細胞膜の構成成分であるリン脂質があげられる．

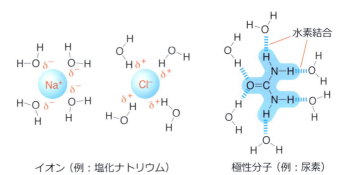

イオン（例：塩化ナトリウム）　　極性分子（例：尿素）

図 4.3 親水性分子

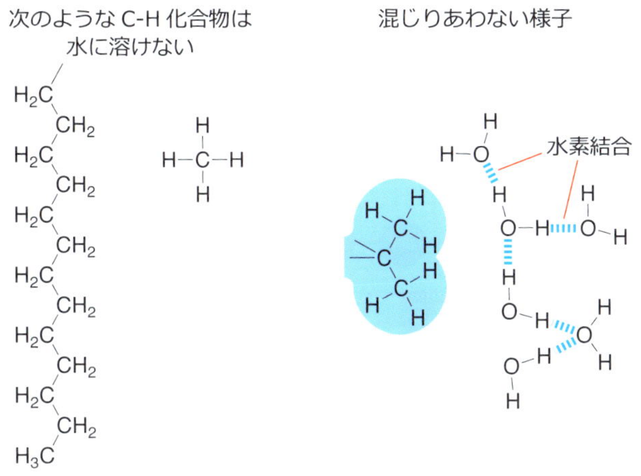

図4.4 疎水性分子

4.2 生体高分子の重合

水分子の次に多いのがタンパク質（protein）であり細胞の約15%を占める（図4.1）．タンパク質は，細胞のさまざまな働きを担っている機能分子である．タンパク質は特に重要な物質なので，第6，7章で詳しく解説する．

細胞内の多くの分子が巨大分子である（図4.5）．これらは生体高分子と呼ばれ，構成単位である単量体（モノマー；monomer）が重合して巨大分子（ポリマー；polymer）を作る．タンパク質，核酸，多糖などはみな生体高分子で，これらの構成単位は，アミノ酸(20種類)，ヌクレオチド(4種類)，単糖である．

構成単位が新たに結合する(重合する)際には，生体高分子の端にモノマーが加わる形で進む．このとき水分子が外れて共有結合ができる．この反応を縮合という（図4.6）．共有結合については4.4節で詳しく述べる．逆に，水分子が加わってモノマーが外れる反応を加水分解という．縮合と加水分解は可逆的な反応で，生体高分子は加水分解酵素の働きでサブユニットに分解され，再利用

この節のキーワード

・モノマー（アミノ酸・ヌクレオチド・単糖）
・ポリマー（タンパク質・核酸・多糖）
・重合
・加水分解

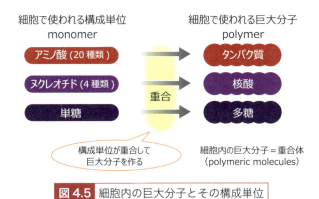

図4.5 細胞内の巨大分子とその構成単位

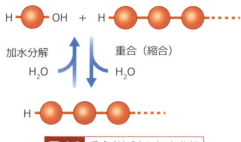

図 4.6 重合（縮合）と加水分解
縮合と加水分解は可逆的な反応であるため、構成単位は再利用できる。巨大分子の生理活性には構成単位の配列が大きくかかわる。

される（図 4.6）。

　生体高分子の生理活性（機能）は、構成単位の配列（並び方）によって決まる。たとえば DNA では核酸の配列が遺伝情報である。またタンパク質では、タンパク質中のアミノ酸の配列がその性質（生理活性）を決定する。細胞膜もリン脂質が集合することで巨大な構造を作る。

この節のキーワード

- 細胞内外のイオン濃度
- 受動輸送
- 能動輸送
- 電気化学的勾配
- Na^+K^+ ポンプ
- イオンチャネル

4.3　小分子の輸送

　細胞内にはさまざまなイオンや小分子があり、それらは細胞の内側と外側で濃度に差のあるものが多い（図 4.7, 表 4.1）。陸上生物は、もともと海で生活していたものが進化して陸上でも活動するようになったと考えられている。そのため細胞は海に近い環境を好むようで、細胞外は海水に近い環境である。すなわち細胞外は、海水と同じように塩化ナトリウム（NaCl）の濃度が 150 mM 程度ある。

　それに対して、細胞内では Na^+ イオン、Cl^- イオンとも濃度が低く 10 mM 程度である。Na^+ イオンが少ない代わりに細胞内では K^+ イオンの濃度が高く

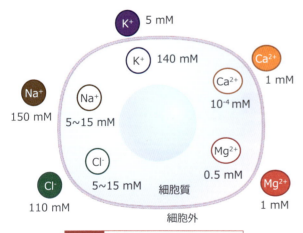

図 4.7 動物細胞内外のイオン濃度

表 4.1 動物細胞内外のイオン濃度

成分	細胞内 (mM)	細胞外 (mM)
Na^+	5〜15	150
K^+	140	5
Mg^{2+}	0.5	1〜2
Ca^{2+}	10^{-4}	1〜2
H^+	7×10^{-5} (pH 7.2)	4×10^{-5} (pH 7.4)
Cl^-	5〜15	110

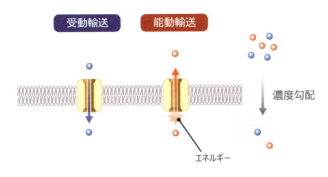

図 4.8 受動輸送と能動輸送

約 140 mM であり，反対に細胞外では約 5 mM と低い．Ca^{2+} も細胞の外側と内側で濃度差の大きいイオンである．Ca^{2+} イオンは細胞外では 1 mM 程度だが，細胞内では細胞外の 1 万分の 1 程度(0.1 µM)である．

イオンは電荷をもつので細胞膜を通過できない．そのため細胞は運搬体タンパク質やチャネルタンパク質を使って，イオンを選択的に通過させている．濃度の高いほうから低いほうへ移動するときは，分子は濃度勾配に従って移動するのでエネルギーを必要としないが(受動輸送)，濃度の低いほうから高いほうへ移動するときには濃度勾配に逆らわなければならないので，細胞はエネルギーを使って輸送する(能動輸送)(図 4.8)．さらに，電荷も輸送にかかわる(電荷をもたない分子の輸送は濃度勾配だけを考慮に入れればよい)．動物細胞の細胞膜は細胞質側が外側に対して電位が「負」になっており，これを膜電位という．この膜電位のため，正の電荷をもつ分子は細胞内へ，負の電荷をもつ分子は細胞外へ運ばれる傾向がある．イオンなどの電荷をもつ分子を輸送するときには，濃度勾配の他にこの膜電位による力が働く．両者を合わせた駆動力を電気化学的勾配と呼ぶ(図 4.9)．

細胞は Na^+ イオンと K^+ イオンの細胞内外における濃度差を維持するために，細胞内の Na^+ イオンを外に，細胞外の K^+ イオンを内側に運んでいる(図 4.10)．これを担っているのがスコウが見つけた Na^+K^+ ポンプという特殊なポンプで

Biography

Jens Skou
1918〜，デンマークの化学者．麻酔の研究が Na^+K^+ ポンプの発見につながった．オーフス大学 (Aarhus University) で研究を続け，現在も籍をおいている．1997 年にボイヤー，ウォーカーとともにノーベル化学賞を受賞．

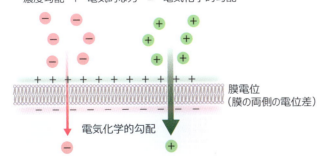

図 4.9 電気化学的勾配

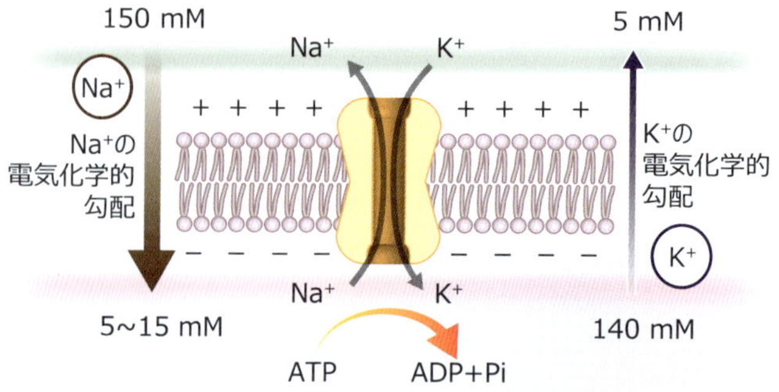

150 mM　　　　　　　　　　　　5 mM

図4.10 Na⁺K⁺ ポンプ
Na⁺K⁺-ATP アーゼ．

あり，このポンプを動かすために ATP 全体の 30% が使われている．

　イオンチャネルはイオンを選択的に通すチャネルである．イオンチャネルには開いた状態と閉じた状態があり，チャネルの開閉はさまざまな刺激で調節されている．たとえば，神経細胞の軸索に沿った活動電位は電位依存性の Na⁺ チャネルの開閉で伝搬される．細胞にはさまざまなポンプやイオンチャネルがある．代表的なものを表 4.2 と表 4.3 にまとめた．

表4.2 細胞膜にあるポンプの例

輸送体	存在する場所	機能（イオンの取り込みや排出は能動的な輸送である）
Na⁺K⁺ ポンプ	動物細胞の細胞膜	Na⁺ の細胞外への排出と K⁺ の細胞内への取り込み
Ca^{2+} ポンプ	真核生物の細胞膜	Ca^{2+} の排出
Ca^{2+} ポンプ	筋肉細胞の筋小胞体，動物細胞の小胞体	小胞体への Ca^{2+} の取り込み
H⁺ ポンプ	動物細胞のリソソーム膜，植物細胞や菌類の液胞の膜	細胞質からの H⁺ の取り込み

表4.3 代表的なイオンチャネル

イオンチャネル	存在する場所	機能
K⁺ 漏洩(leak) チャネル	動物細胞の細胞膜	静止膜電位の維持
電位依存性 Na⁺ チャネル	神経細胞軸索の細胞膜	活動電位の発生
電位依存 K⁺ チャネル	神経細胞軸索の細胞膜	活動電位発生後に膜電位を静止電位に戻す
電位依存 Ca^{2+} チャネル	神経末端の細胞膜	神経伝達物質の放出
アセチルコリン受容体	神経筋接合部の筋細胞の細胞膜	シナプスでの興奮性シグナル伝達

4.4 共有結合

細胞は分子からできており，分子は原子が化学結合によって結びついたものである．その化学結合の代表的なものに**共有結合**(covalent bond)がある．

原子では，原子核の周りを電子が回っている．このとき電子は決まった範囲の軌道を回っており，この電子の軌道を電子殻という（図4.11）．それぞれの電子殻には回れる電子の数が決まっており，内側から2，8，8，18と増えていく．電子殻がすべて電子で埋まっているときに，原子は最も安定する．そのため，最外電子殻が満たされていないときは，他の原子と電子をやり取りして電子殻を電子で満たそうとする．このように二つの原子が電子を出し合い，それを共有するのが共有結合である．詳しくは高校の化学の教科書で復習してほしい．

生体分子が重合によって生体高分子を作るとき，単量体は共有結合でつながる．共有結合は強い結合なので，細胞内で単量体間の共有結合を切断するためには，触媒作用をもつ酵素[*2]を使って加水分解反応する必要がある．

> この節のキーワード
> ・最外殻電子
> ・生体高分子
> ・加水分解

[*2] 酵素については7.2節で詳しく述べる．

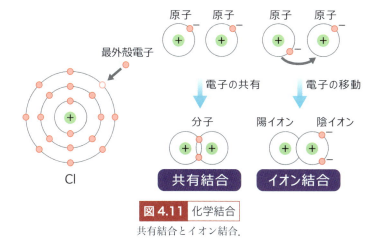

図4.11 化学結合
共有結合とイオン結合．

4.5 非共有結合

細胞の構成成分である生体高分子は単量体が共有結合でつながってできており，加水分解酵素の働きがなければ簡単には分解しない．それに対して，生体高分子どうしの相互作用においては，弱い相互作用が重要になる．その例がイオン結合，ファンデルワールス力，水素結合，疎水結合であり，結合の強さは共有結合の20分の1以下である（表4.4）．細胞内の反応では，これらの非共有結合が重要な働きをする．

4.5.1 イオン結合

イオン結合(ionic bond)は電子のやり取りで作られる結合である．たとえば

> この節のキーワード
> ・イオン結合
> ・ファンデルワールス力
> ・水素結合
> ・疎水結合
> ・タンパク質の立体構造
> ・生体分子間相互作用

表4.4 共有結合と非共有結合の強さ

化学結合		水中での結合強度 (kcal/mol)
共有結合		90
非共有結合	イオン結合	3
	水素結合	1
	ファンデルワールス力	0.1

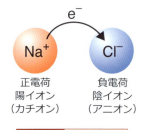

図4.12 イオン結合

塩化ナトリウム NaCl では，ナトリウム Na から電子が塩素 Cl に送られ，その結果，ナトリウムは正電荷をもち，塩素は負電荷をもつ（図4.12）．正電荷をもったイオン Na^+ を陽イオン（カチオン），負電荷をもった Cl^- を陰イオン（アニオン）と呼ぶ．

細胞内では，親水性物質であるイオン性物質は水に溶けた状態になる．陽イオンと陰イオンが近づくと電気的な引力が働く．

4.5.2 ファンデルワールス力

物体どうしが非常に近づくと弱い引力が生じる．この引力を**ファンデルワールス力**（van der Waals attraction）という．ファンデルワールス力は非常に弱いが(表4.4)，巨大分子の表面が近づくときには重要な役割を演じる．

4.5.3 水以外の水素結合

水分子どうしが引き合う力を水素結合と呼ぶことは4.1節ですでに述べた．細胞内では，酸素の他に窒素も電気陰性度が高く電子を吸引する性質がある．そこで水素結合を水以外にも広げ，水素原子が電子吸引性原子(酸素か窒素)に挟まれたときにできる静電的な結合であると定義することができる（図4.13）．水素結合は，水分子どうし，生体高分子と水分子の間だけでなく，タンパク質

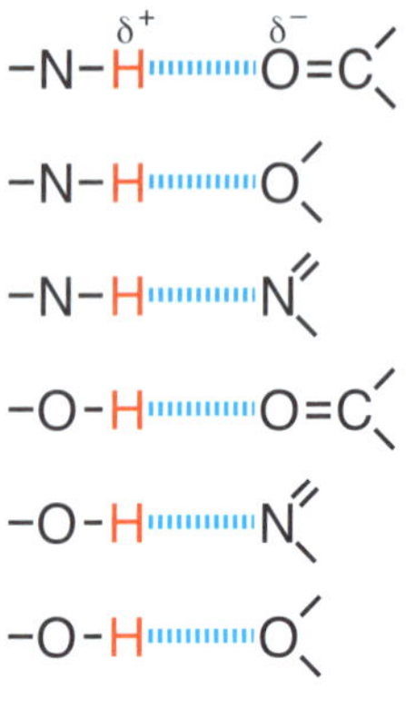

図4.13 細胞内でよく見られる水素結合

分子内のアミノ酸の間でも形成され，タンパク質の立体構造の安定化やタンパク質分子間相互作用で重要な働きをしている．

4.5.4 疎水結合

水分子は水素結合で網目構造のネットワークを作っており，炭化水素の鎖でできた分子など電荷をもたない疎水性分子は水分子を避けて寄り集まる性質がある．この疎水基の集まりを疎水結合と呼ぶ(図 4.14)．

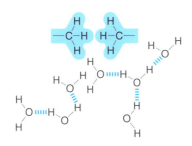

図 4.14 疎水結合

水は水素結合によりネットワークを作る．そのすき間に疎水基が寄り集まり，疎水結合を形成する．

以上説明した水素結合，疎水結合，イオン結合，ファンデルワールス力などの非共有結合は共有結合に比べて弱い結合だが，生理的に非常に重要である．ひとつひとつの結合は弱くても，多くの非共有結合が分子内あるいは分子間で作られると大きな効果をもつようになる．たとえば，タンパク質の立体構造や折れたたみ構造，あるいはタンパク質分子間の相互作用において，非共有結合は重要な働きをしている(図 4.15)．

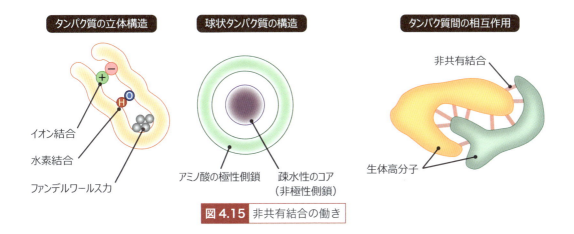

図 4.15 非共有結合の働き

この節のキーワード

・水素イオン
・弱酸
・弱塩基

4.6 酸と塩基

溶液中に水素イオン(プロトン)を出す物質を酸といい，逆に水素イオンを受け取る物質を塩基という（図4.16）．塩基は，現象としては溶液中の水素イオンの数を減らす物質であり，その方法としては，①水素イオンと直接結合する，あるいは② OH^- を出して水素イオンと結合させて水分子にする，という二つがある．細胞内では，弱酸，弱塩基が重要な働きをしている．カルボキシ基 -COOH やアミノ基 -NH_2 がその例としてあげられる．

図4.16 酸と塩基

確認問題

1. 細胞内で生体高分子ができる仕組みを説明しなさい．
2. 水分子の特徴を説明しなさい．それが生理的にどのように重要かを説明しなさい．
3. 非共有結合がどういう結合かを例をあげて説明しなさい．また，非共有結合が生理的に重要な理由を説明しなさい．
4. 酸と塩基の違いを説明しなさい．

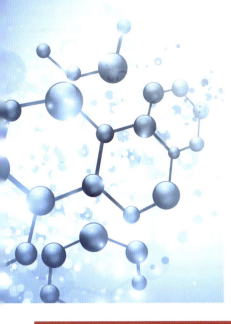

第5章

糖と脂質

この章で学ぶこと

細胞中の巨大分子であるタンパク質，核酸，多糖は，構成単位であるサブユニット分子が縮合反応で重合してできた高分子である．また細胞膜も構成単位である脂質の集合体である．本章では糖と脂質について，その化学的構造と細胞内での機能を説明する．

単糖には多くの異性体がある．単糖はグリコシド結合で二糖になり，数百～数千結合すると多糖になる．糖はエネルギー源としての役割をもつ他に，細胞の機械的な構造を支えたり，細胞膜の表面で糖タンパク質や糖脂質として働いている．

脂質は細胞膜の構成単位であるだけでなく，エネルギー源やホルモンとしての機能ももつ．2本の脂肪酸と親水性の基から構成されている．細胞膜のさまざまな性質が脂質によって制御されていることは3.1節で説明した．

5.1 単糖と多糖

この節のキーワード
- 炭水化物
- 異性体
- グリコシド結合

糖（sugar）は細胞内のエネルギー源である．モノマーである**単糖**（monosaccharide）が次々につながって（重合して）いき，**多糖**（polysaccharide）を形成する．

単糖の分子式は$(CH_2O)_n$で，nは3～8の整数である．糖を炭水化物（C＝炭素，H_2O＝水）ともいうのはこのためである．単糖は，炭素数（nの値）により三単糖（$n=3$，トリオース），四単糖（$n=4$，テトロース），五単糖（$n=5$，ペントース），六単糖（$n=6$，ヘキソース）に分類される（図5.1）．代表的な単糖には，グリセルアルデヒド(三単糖)，リボース(五単糖)，グルコース(六単糖)などがある．

グルコース（ブドウ糖）の分子式は$C_6H_{12}O_6$で表される．水溶液中で，分子中のアルデヒド基(-CHO)は分子内のヒドロキシ基(-OH)と反応しやすく環を形成する（図5.2）．

糖には**異性体**（isomer）が多い．異性体とは，化学式は同じだが構造が異なる分子のことである．すなわち，六単糖に属する単糖はすべて異性体であり，

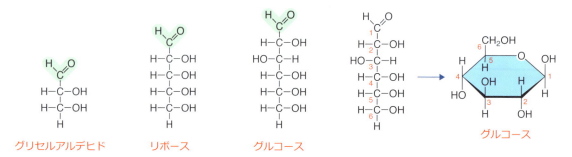

図 5.1 単糖の構造

図 5.2 環の形成

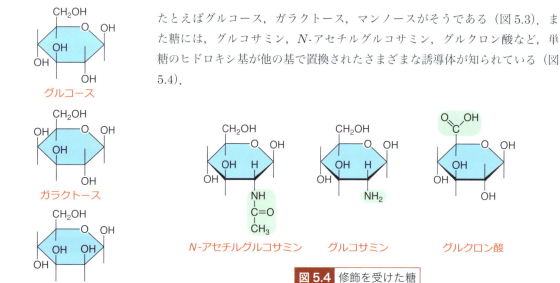

たとえばグルコース，ガラクトース，マンノースがそうである（図5.3）．また糖には，グルコサミン，N-アセチルグルコサミン，グルクロン酸など，単糖のヒドロキシ基が他の基で置換されたさまざまな誘導体が知られている（図5.4）．

図 5.3 糖の異性体

図 5.4 修飾を受けた糖

単糖が二つつながったものを二糖という．単糖がグリコシド結合という縮合反応でつながって二糖になる．たとえば，グルコースとフルクトースが縮合

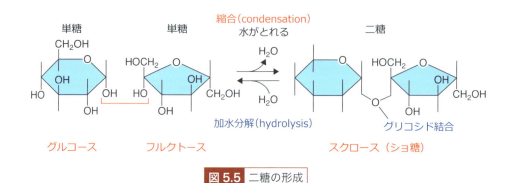

図 5.5 二糖の形成

図5.6 多糖の構造

してスクロース(ショ糖)になる(図5.5)．縮合反応は水分子がとれて共有結合ができる反応で，可逆的である．縮合反応の逆の反応が加水分解であり，二糖は加水分解により二つの単糖に分解される．二糖に単糖がさらに付加すると三糖になり，この反応が繰り返されることで，数百〜数千の糖が結合した多糖(糖鎖)ができる(図5.6)．単糖は別の単糖と結合できるヒドロキシ基を複数もつので，枝分かれした複雑な多糖もある．

5.2 糖の生理的機能

グルコースは細胞のエネルギー源である．すなわち，細胞はグルコースを分解したときに出るエネルギーを使って活動している．また，植物のデンプンや動物のグリコーゲンはグルコースでできた多糖であり，エネルギーの貯蔵庫として使われる．グリコーゲンの大型顆粒は，肝臓細胞や筋肉細胞に多く見られる．

また糖は，細胞を形作る材料でもある．たとえば，植物の細胞壁を作っているセルロースはグルコースでできた多糖である．

さらに糖は，細胞表面の脂質やタンパク質と結合している(図5.7)．糖鎖が結合したタンパク質や脂質を糖タンパク質(glycoprotein)，糖脂質

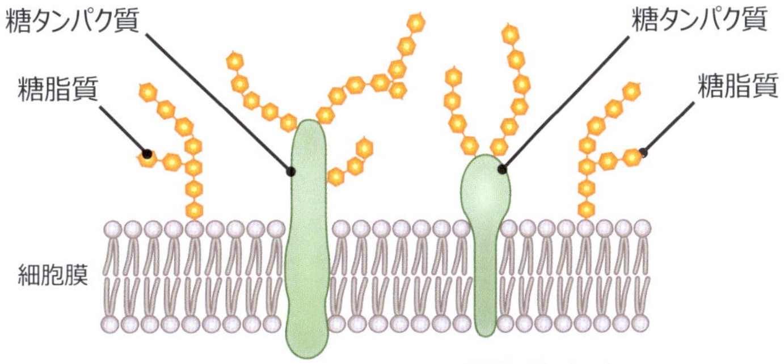

この節のキーワード

・エネルギー源
・機械的な構造
・糖タンパク質
・糖脂質

図5.7 細胞膜での糖脂質や糖タンパク質の構造

(glycolipid) と呼ぶ．糖タンパク質や糖脂質は，細胞どうしの接着などの重要な働きをしている．

> この節のキーワード
> ・脂肪酸
> ・飽和脂肪酸
> ・不飽和脂肪酸

5.3 脂質の構造

脂肪酸（fatty acid）は細胞膜の主成分で，親水性のカルボキシ基（-COOH）と疎水性の炭化水素鎖をもつ両親媒性（4.1節参照）の分子である（図5.8）．脂肪酸のカルボキシ基は弱酸として振る舞い，反応性が高く他の分子と共有結合する．

脂肪酸には，飽和脂肪酸と不飽和脂肪酸の2種類がある（図5.9）．飽和脂肪酸は炭化水素鎖に二重結合 C=C がなく，炭化水素鎖が直線状に伸びているの

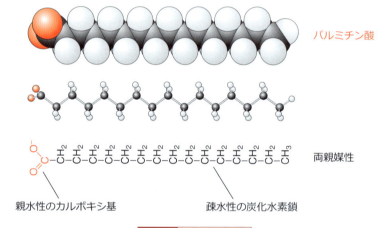

図 5.8 脂肪酸の構造

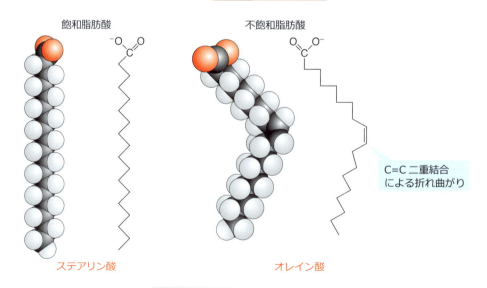

図 5.9 飽和脂肪酸と不飽和脂肪酸

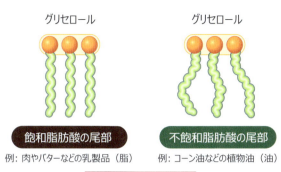

図5.10 脂肪の性質

で，分子どうしが密にパッキングできる．パルミチン酸やステアリン酸などは飽和脂肪酸である．バター，ラードなどの乳製品は飽和脂肪酸でできているので，分子が密であり，したがって室温で固体である（図5.10）．

不飽和脂肪酸は炭化水素鎖に二重結合 C=C があるので，炭化水素鎖がそこで折れ曲がり，分子どうしが密に集まれない．たとえばオレイン酸は不飽和脂肪酸である．コーン油などの植物油は不飽和脂肪酸でできているので，分子が疎であり，したがって室温で液体である（図5.10）．

脂肪酸は，細胞内でグリセロール分子（グリセリンともいう）に3個の脂肪酸がカルボキシ基で共有結合したトリアシルグリセロールの形で脂肪や油として蓄えられている．

5.4 脂質と細胞膜

細胞膜については3.1節で説明したが，本節ではもう少し詳しくその構造を見ていこう．

5.4.1 細胞膜の分子構造

脂質（lipid）は細胞膜の主成分であり，細胞膜にはリン脂質が多く含まれる．リン脂質は，グリセロールに2本の脂肪酸と，リン酸基を含む親水性基が結合した構造をしていて，脂肪酸側を尾部，リン酸基側を頭部と呼ぶ（図5.11）．

脂肪酸は疎水性なので，細胞外と細胞質の水分子に触れないように内側にパッキングされ，リン酸基を含む電荷をもつ親水性の頭部が細胞外と細胞内に向いた二重層構造を細胞膜はとっている．ほ乳類の細胞膜を構成している主要なリン脂質の親水性の頭部としては，ホスファチジルエタノールアミン（phosphatidylethanolamine；PE），ホスファチジルセリン（phosphatidylserine；PS），ホスファチジルコリン（phosphatidylcholine；PC）などがある（図5.12）．細胞膜にある主要な脂質を表5.1にまとめた．

また，細胞膜の細胞質側にあるイノシトールリン脂質（inositol phospholipid）は，細胞内シグナル伝達に重要な働きをしている（図5.13）．た

この節のキーワード

・リン脂質
・脂質二重層構造
・生体膜の流動性
・コレステロール
・界面活性剤

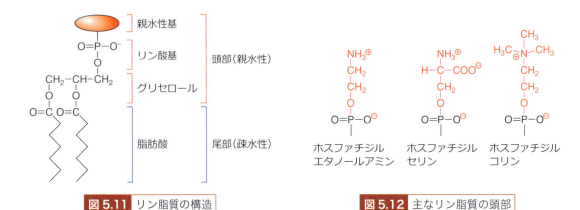

図 5.11 リン脂質の構造

図 5.12 主なリン脂質の頭部

表 5.1 細胞膜の主な脂質組成

脂　質	肝細胞膜（重量%）	赤血球膜（重量%）	二重層膜での非対称分布
コレステロール	17	23	—
ホスファチジルエタノールアミン	7	18	内
ホスファチジルセリン	4	7	内
ホスファチジルコリン	24	17	外
スフィンゴミエリン	19	18	外
糖脂質	7	3	外

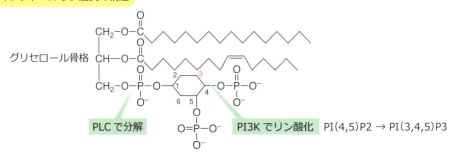

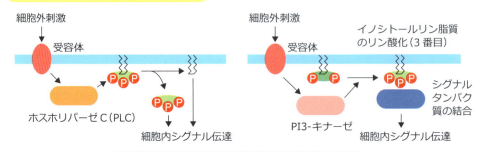

図 5.13 イノシトールリン脂質とシグナル伝達

とえば，イノシトールリン脂質は細胞外からの刺激で活性化されたホスホリパーゼ（phospholipase C；PLC）で切断され，分解産物は細胞内部にシグナルを伝達する．また，細胞外部からのシグナルで活性化された PI3 キナーゼ（PI3-kinase）でリン酸化されたイノシトールリン脂質は，細胞内部にシグナルを伝達する．

5.4.2 細胞膜の機能

脂質二重層の大切な性質の一つは，生体膜を構成しているリン脂質や膜タンパク質が，横方向に自由に移動したり回転ができることである．この膜の流動性のおかげで膜タンパク質が素速く拡散，移動できる．そのため，合成されて細胞膜に挿入された膜タンパク質や膜脂質が拡散によって別の場所に素速く移動できる（図 5.14）．

■ **ホスホリパーゼ**
細胞膜に結合した酵素で，イノシトールリン脂質を切断し，二つのシグナル分子（ジアシルグリセロールとイノシトール三リン酸）を作る．

■ **PI3 キナーゼ**
細胞膜のイノシトールリン脂質をリン酸化し，シグナル伝達に関わる酵素．PI3 キナーゼによってリン酸化されたリン脂質は細胞膜に存在し，リン酸化されたリン脂質に結合するシグナル分子が細胞質から細胞膜に移動して活性化し，細胞内にシグナルが伝達される．

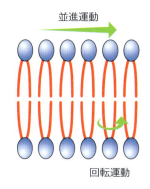

図 5.14 リン脂質の膜の中での運動性

コレステロール（cholesterol）はステロールの一種で，細胞膜に大量に存在している．不飽和脂肪酸の折れ曲がりでできたすき間を埋めて細胞膜の流動性を低くし，構造を安定化する働きがある（図 5.15）．

界面活性剤（detergent）は，分子中に親水性の頭部と 1 本の疎水性尾部をもつ両親媒性の小分子で，膜タンパク質を可溶化するのに用いられる（図 5.16）．

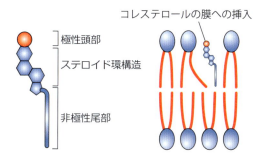

図 5.15 コレステロールの構造と働き

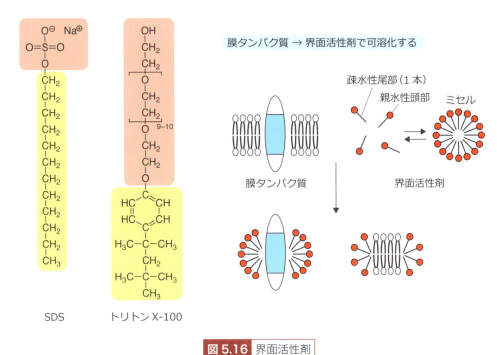

図 5.16 界面活性剤

界面活性剤は両親媒性をもつため，疎水性結合を切断できる．

ドデシル硫酸ナトリウム（SDS）などのように電荷をもつものやトリトン（triton）のように電荷をもたないものがある．界面活性剤の濃度が高いと，ミセルと呼ばれる集合体ができる．界面活性剤は脂質二重層を破壊し，膜タンパク質やリン脂質を溶出させることができる．

確認問題

1. 糖の生理的機能を，例をあげながら説明しなさい．
2. 飽和脂肪酸と不飽和脂肪酸の違いを説明しなさい．

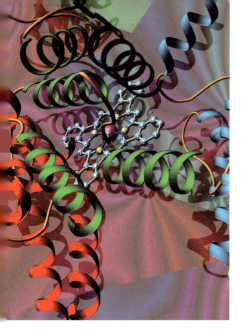

第 6 章

タンパク質の構造と機能（1）

この章で学ぶこと

アミノ酸はタンパク質の構成成分であり，20種類がある．20種類のアミノ酸は，すべて炭素原子にカルボキシ基，アミノ基，水素原子が結合しており，残る一つの側鎖のみが違う．

タンパク質は代謝，構造，運動，輸送，シグナル伝達など，細胞がもつ機能のほとんどを担っている分子である．タンパク質のさまざまな機能はその構造によるものであり，タンパク質の構造はタンパク質を作っているアミノ酸の配列によって決まる．

本章では，タンパク質の構造を説明する．タンパク質は，アミノ酸がペプチド結合で多数つながってできている．このタンパク質中のアミノ酸の並び方（配列）がタンパク質の立体構造を決めている．アミノ酸配列をタンパク質の一次構造と呼ぶ．タンパク質のアミノ酸配列は，DNAの遺伝情報に含まれている．すなわち，核酸のヌクレオチドの配列がアミノ酸配列を指示している．すなわち遺伝情報とは，タンパク質のアミノ酸配列に他ならない．

タンパク質中のアミノ酸は，ペプチド結合に含まれる水素原子による水素結合を使って，ヘリックスやシート構造を作る．この折りたたみ構造をタンパク質の二次構造と呼ぶ．二次構造はさらにタンパク質に固有の立体構造を作る．この立体構造をタンパク質の三次構造と呼ぶ．タンパク質は，細胞中で特異的な分子と複合体を形成していることが多い．この分子複合体を四次構造と呼ぶ．

タンパク質にはドメインと呼ばれる構造・機能単位をもつものが多い．タンパク質にはアミノ酸配列や立体構造の似たものが多く，ファミリーを形成している．また，球状や繊維状などさまざまな構造をもち，独自の働きをもつ．

6.1 アミノ酸の構造とペプチド結合

この節のキーワード
- アミノ基
- カルボキシ基
- 側鎖
- ペプチド結合

アミノ酸（amino acid）はタンパク質の構成単位で，α炭素に四つの基が結合している（図6.1）．それらは，アミノ基，水素，カルボキシ基，それに側鎖である．pH = 7では，アミノ基とカルボキシ基はイオン化している．グリシン以外のアミノ酸にはL型とD型の光学異性体がある（図6.2）．タンパク質を構成するアミノ酸はL型だけである．ただし生物はD型アミノ酸も利用しており，たとえばD-セリンは脳のシグナル分子として働いている．

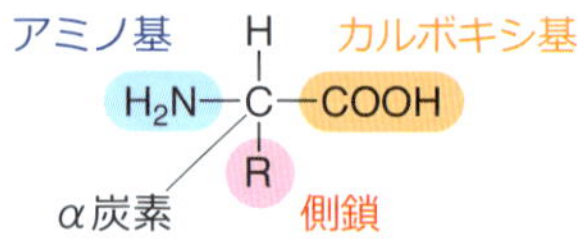

第6章 タンパク質の構造と機能（1）

図6.1 アミノ酸の一般式

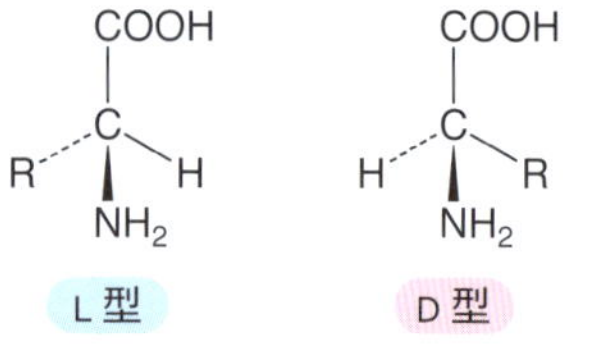

図6.2 アミノ酸の光学異性体

アミノ酸の性質は側鎖によって決まる．これについては次節で述べる．

二つのアミノ酸は，一方のアミノ酸のアミノ基ともう一方のアミノ酸のカルボキシ基との間の縮合反応により共有結合を形成できる．この結合を**ペプチド結合**（peptide bond）と呼ぶ（図6.3）．アミノ酸がこのペプチド結合によって次々とつながっていくことにより，タンパク質ができる．

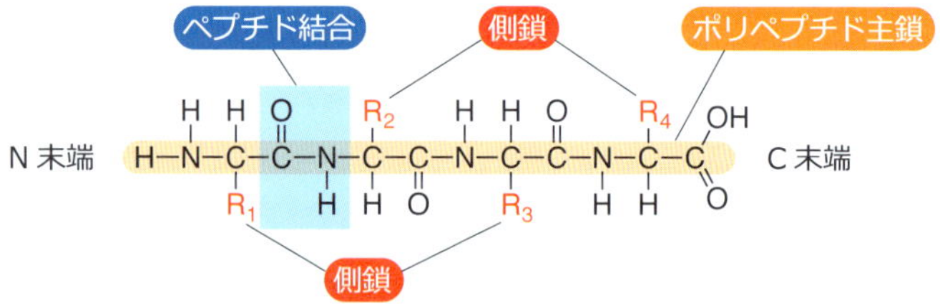

図6.3 タンパク質の構成要素

この節のキーワード
- 酸性側鎖
- 塩基性側鎖
- 極性非電荷側鎖
- 非極性側鎖

6.2 アミノ酸の種類

地球上には20種類のアミノ酸があり，省略形として3文字，または1文字の略号で表すこともある（表6.1）．1文字表記はアメリカのオークレーが考案したものである．これらのアミノ酸がペプチド結合でつながってタンパク質を

表6.1 タンパク質を構成する20種類のアミノ酸

アミノ酸			側鎖	アミノ酸			側鎖
アスパラギン酸	Asp	D	酸性	アラニン	Ala	A	非極性
グルタミン酸	Glu	E	酸性	バリン	Val	V	非極性
リシン	Lys	K	塩基性	ロイシン	Leu	L	非極性
アルギニン	Arg	R	塩基性	イソロイシン	Ile	I	非極性
ヒスチジン	His	H	塩基性	プロリン	Pro	P	非極性
アスパラギン	Asn	N	電荷をもたない極性	フェニルアラニン	Phe	F	非極性
グルタミン	Gln	Q	電荷をもたない極性	メチオニン	Met	M	非極性
セリン	Ser	S	電荷をもたない極性	トリプトファン	Trp	W	非極性
トレオニン	Thr	T	電荷をもたない極性	グリシン	Gly	G	非極性
チロシン	Tyr	Y	電荷をもたない極性	システイン	Cys	C	非極性

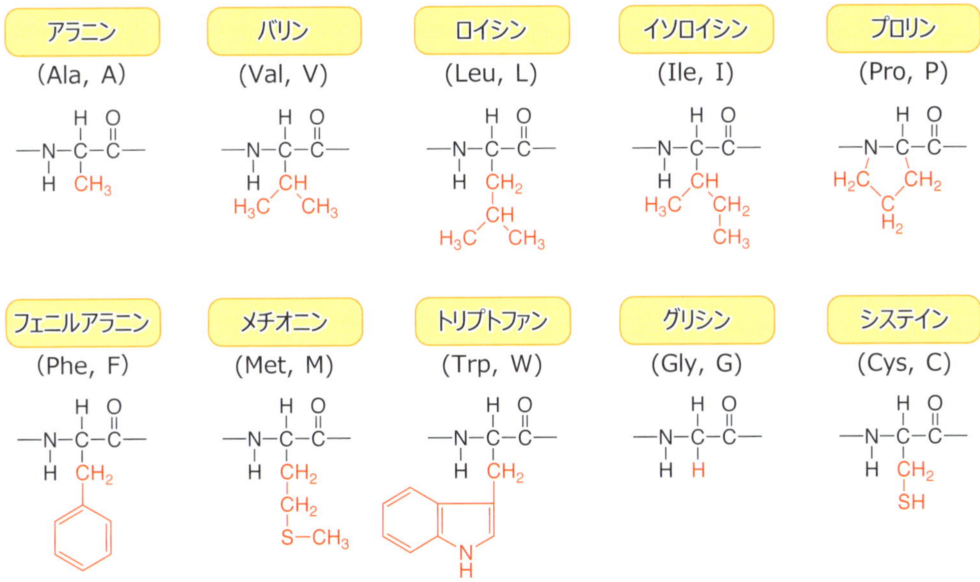

6.2 アミノ酸の種類

図6.4 非極性側鎖をもつアミノ酸

作っている．タンパク質において，ペプチド結合に使われていないアミノ基がある側を **N末端**（アミノ末端；N-terminus），ペプチド結合に使われていないカルボキシ基がある側を **C末端**（カルボキシ末端；C-terminus）と呼ぶ（図6.3参照）．通常はN末端が左側になるように描く．

アミノ酸の側鎖は疎水性の非極性側鎖（図6.4）と親水性の極性側鎖に大きく分けられる．親水性の側鎖はさらに酸性側鎖（図6.5），塩基性側鎖（図6.6），極性非電荷側鎖（図6.7）に分類できる．ヒトの場合，20種類のアミノ酸のうち9種類は，体内で合成できないので食物として摂取する必要がある．これらのアミノ酸を必須アミノ酸と呼ぶ（図6.8）．

Biography

Margaret Oakley
1925～1983．アメリカの生化学者．結婚後の姓はデイホフ（Dayhoff）．バイオインフォマティクスの創始者ともいえる科学者．

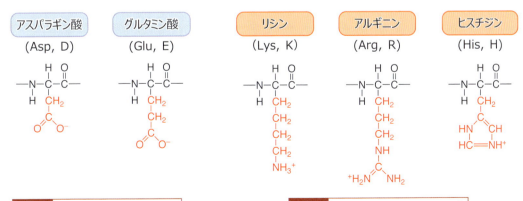

図6.5 酸性側鎖をもつアミノ酸　　**図6.6** 塩基性側鎖をもつアミノ酸

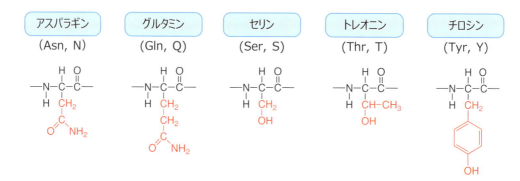

図6.7 極性非電荷側鎖をもつアミノ酸

図6.8 必須アミノ酸

この節のキーワード

・アミノ酸配列
・変性と再生
・シャペロン
・タンパク質の構造決定

6.3 タンパク質の一次構造

タンパク質（protein）は細胞の機能分子であり，細胞のさまざまな働きはタンパク質によって担われている．このタンパク質の性質を決めているのが，細胞核にある遺伝情報である．では，どうやって遺伝情報がタンパク質の機能を決めているのだろうか．実は，タンパク質の機能はタンパク質のアミノ酸配列で決まっている．遺伝情報とはDNAの核酸の配列のことであり，この配列はアミノ酸の配列を決めている．このタンパク質のアミノ酸配列のことをタンパク質の**一次構造**（primary structure）と呼ぶ（図6.3参照）．

　タンパク質のアミノ酸配列が構造を決めている実験的証拠として，タンパク質の変性と再生がよく知られている（図6.9）．タンパク質の立体構造は，アミノ酸の間の複雑な非共有結合によって安定化されている．この非共有結合は溶液中に尿素などの親水性分子を加えていくと破壊され，タンパク質はひも状の構造になってしまう．これをタンパク質の**変性**（denaturation）といい，変性するとタンパク質の活性は失われてしまう．この状態から溶液中の尿素の濃度を徐々に減らしていくと，最終的にタンパク質は元の立体構造に戻り，かつ活性も復活する．これをタンパク質の**再生**（renaturation）という．この二つの結果から，タンパク質の立体構造はアミノ酸配列だけで決まっていることがわかる．

　タンパク質がどのように折りたたまれるかもアミノ酸配列によって決まっている．それに加えて，細胞内にはタンパク質の折りたたみを促進する働きをも

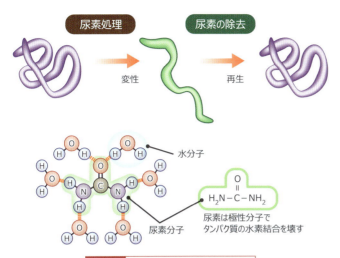

図6.9 タンパク質の変性と再生

つ**シャペロン**(chaperone) と呼ばれるタンパク質がある (2.4節参照)．シャペロンタンパク質は新生ポリペプチド鎖に結合し，タンパク質の自己集合を助けることで折りたたみを促進する (図6.10)．

以上より，アミノ酸の配列がタンパク質の構造と機能を決めていることがわかる．そのためタンパク質の同定には，そのアミノ酸配列を知ることが重要である．アミノ酸配列を知る方法の一つとして，以前はタンパク質の末端からアミノ酸をひとつひとつ決めていた（サンガー法など）．現在では，遺伝子配列からアミノ酸配列を決定する方法がよく用いられる．また，質量分析 (mass spectrometry) でタンパク質の実体を明らかにすることもよく行われる．田中耕一がノーベル賞を受賞するなど，質量分析は日本の得意分野の一つである．

Biography

Frederick Sanger
1918～2013，イギリスの生化学者．タンパク質のアミノ酸配列の決定法（サンガー法）を確立し，インスリンの一次構造を特定した．この業績により1958年のノーベル化学賞を受賞．また，DNAの塩基配列の決定法（こちらもサンガー法と呼ばれることが多い）も確立し，1980年に2度目のノーベル化学賞を受賞した．現在，ノーベル化学賞を複数回受賞したのはこのサンガーだけである．

田中耕一
1959～，富山県出身の日本の化学者．ソフトレーザー脱離イオン化法という質量分析技術の開発で2002年ノーベル化学賞を受賞．現在も京都の島津製作所で研究を続けている．

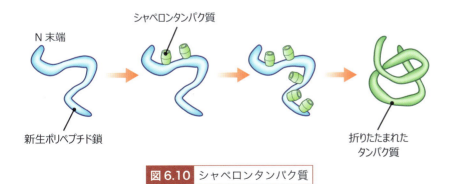

図6.10 シャペロンタンパク質

6.4 タンパク質の二次構造

アミノ酸がペプチド結合でつながったものを，化学的にはポリペプチドという．タンパク質は，ポリペプチドの主鎖から側鎖が出た構造になっている．

この節のキーワード
・α-ヘリックス
・β-シート

> **Biography**
>
> **Linus Pauling**
> 1901〜1994，アメリカの量子化学者，生化学者．ペプチド結合の研究で知られる．量子化学的なアプローチで化学結合の本質に迫り1954年にノーベル化学賞を受賞．タンパク質の構造決定など生体分子の研究にも成果がある他，核実験の反対運動にも従事．1962年にノーベル平和賞も受賞．
>
> **Robert Corey**
> 1897〜1971，アメリカの生化学者．カリフォルニア工科大学でポーリングとともにタンパク質の二次構造を研究した．彼らはX線結晶解析という手法を駆使してさまざまな構造を明らかにした．

このペプチド結合のC=OとN–Hの間でできる水素結合を利用して，タンパク質は2種類の折りたたみ構造を作る．この構造をタンパク質の**二次構造**（secondary structure）と呼び，代表的なものに**α-ヘリックス**（α-helix）と**β-シート**（β-sheet）がある．二次構造はアミノ酸の側鎖に依存しない，すなわちアミノ酸の種類によらない点が特徴である．

タンパク質の二次構造の解明には，ポーリングやコリーなどの研究者が大きく貢献した．現在はアミノ酸配列から二次構造を予測する手法が発展中である．

6.4.1　α-ヘリックス

α-ヘリックスはらせん構造で，中間径繊維の一つであるケラチンで最初に見つかった構造である（図6.11，2.8節参照）．α-ヘリックスは，n番目のペプチド結合のC=Oの酸素原子と$n+4$番目のペプチド結合のN–Hの水素原子の間に水素結合ができ，これが連続して形成される右巻きのらせん構造である（図6.11）．

α-ヘリックスは，細胞膜貫通タンパク質の膜貫通部分によく見られる．膜貫通部分は脂質二重層で疎水領域であり，α-ヘリックスはペプチド結合のC=OとN–Hの電荷の分極を水素結合で取り去り，さらに側鎖に非極性ア

Column　プロテオミクス

近年，細胞生物学の実験手法は大きく進歩し，細胞内にある数千種類ものタンパク質の活性と構造を，自動化された方法で高感度に一度に解析できるようになった．この細胞や組織にあるさまざまなタンパク質を網羅的に調べる研究方法を**プロテオミクス**（proteomics）と呼ぶ．プロテオミクスでは，細胞内のタンパク質の発現量，細胞内分布，修飾，活性，他のタンパク質との相互作用を研究する．同一個体ではどの細胞も同じゲノムをもつが，細胞で発現するタンパク質の種類と量は，細胞の種類や状態でさまざまに変化する．これらを網羅的に解析するには，コンピューターによるデータ解析の進歩が必須である．

ヒトゲノムには約2万個の遺伝子が存在するが，タンパク質の種類は遺伝子の数よりもずっと多い．これは，スプライシングにより同一の遺伝子から異なるmRNAができ（第12章参照），またmRNAから翻訳されたタンパク質がさまざまな修飾を受ける（第13章参照）ためである．

細胞内に存在する数多くのタンパク質を同定するために質量分析法（mass spectrometry）が開発された（6.3節参照）．質量分析では，タンパク質試料をプロテアーゼ処理して小さなペプチドに切断する．このペプチドをイオン化して質量分析器で解析して，各ペプチドの質量／電荷比を決定する．この結果をすべての既知タンパク質の理論的質量／電荷比データベースと比較してタンパク質を同定する．

タンパク質は，細胞内で他のタンパク質と相互作用することによって機能を発現することが多い．したがって，タンパク質間相互作用を明らかにすることは，タンパク質の機能の解明に非常に重要である．一般に，相互作用するタンパク質どうしは複合体を形成する場合が多い．そこで，相互作用するタンパク質どうしが結合した状態を保つようにした穏やかな条件でタンパク質複合体を単離し，複合体に存在するすべてのタンパク質を質量分析で同定する．この方法により，タンパク質間相互作用のネットワークを理解する手がかりも得ることができるようになった．

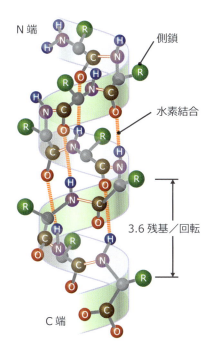

図6.11 α-ヘリックス構造

ミノ酸を用いることで疎水性の環境を作ることができる．また，2本のα-ヘリックスがより合わさってできる構造を**コイルドコイル・ドメイン**（coiled-coil domain）と呼び，タンパク質相互作用によく使われる（図6.12）．疎水性の側鎖が鎖の片側に集まり，これらの側鎖が互いに結合し親水性の細胞質との接触が細小になるように巻きつく．

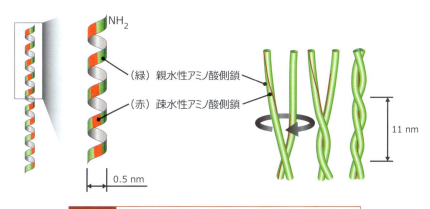

図6.12 コイルド・コイルドメインとα-ヘリックス構造

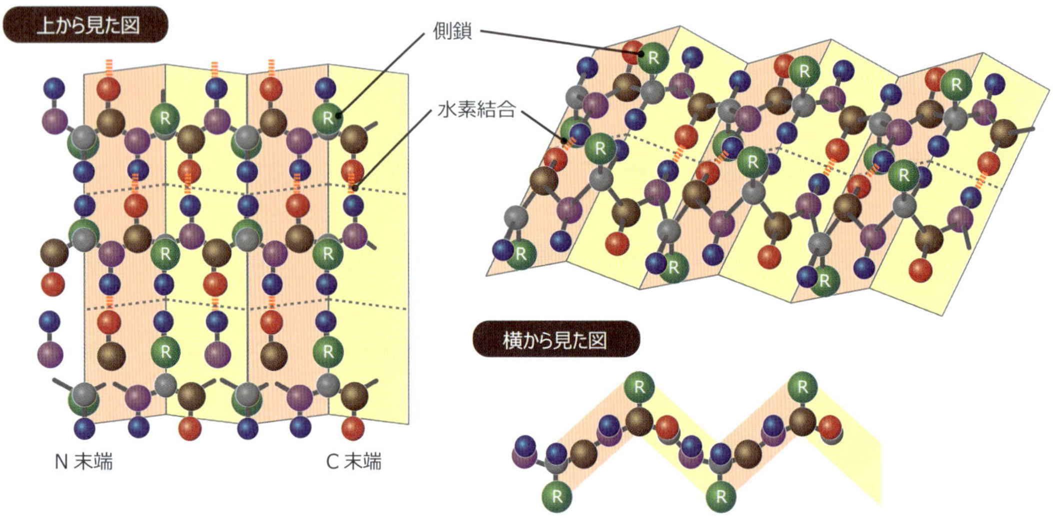

図6.13 β-シート構造

6.4.2 β-シート

シート状の構造で，タンパク質の中心で強固な構造をとるのが特徴である（図6.13）．β-シートでは，2本以上のポリペプチド鎖が平行に並び，ペプチド結合の水素原子と隣り合ったペプチド結合内の酸素原子の間で水素結合が生じる．平行と逆平行の2種類のβ-シートが知られている（図6.14）．

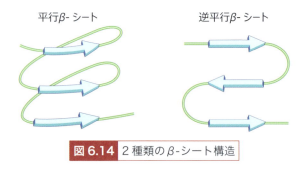

図6.14 2種類のβ-シート構造

この節のキーワード
・立体構造と疎水結合
・立体構造模型

6.5 タンパク質の三次構造

タンパク質は，非共有結合を使ってそれぞれに特徴的な三次元立体構造を形成している．この1本のポリペプチド鎖全体の立体構造を，タンパク質の**三次構造**（tertiary structure）と呼ぶ．非共有結合のうち，特に疎水結合は球状タンパク質の安定した立体構造の維持に重要である（図4.15を参照）．ポリペプチドの側鎖のうち，疎水性側鎖がタンパク質の内部に集まり，親水性側鎖が分子の表面で水分子と水素結合を作るように立体構造が形成される（図6.15）．

タンパク質の立体構造は，いろいろな模型で表される．代表的なものにリボ

6.5 タンパク質の三次構造

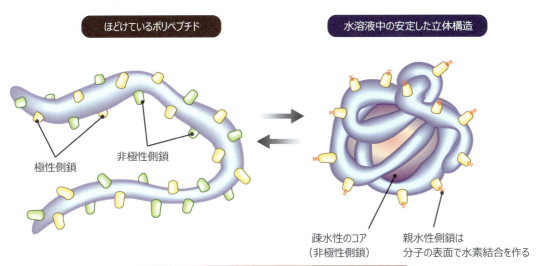

図6.15 タンパク質の安定した立体構造と疎水結合

ン模型，針金模型，空間充填模型，主鎖模型などがある（図6.16）．それぞれ表示する目的に合わせて使い分ける．

タンパク質の三次構造の研究にはペルーツやケンドリューが大きな役割を果たした．

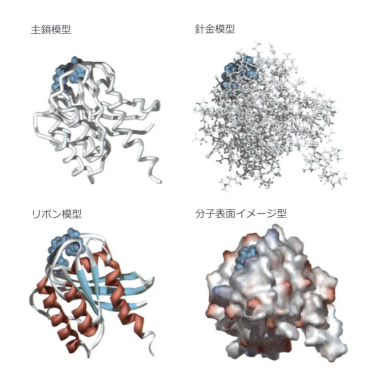

図6.16 タンパク質の立体構造（三次構造）

Biography

Max Perutz
1914～2002，オーストリア生まれのイギリスの化学者．ウィーン大学に入学したが，1936年にイギリスのケンブリッジに研究の場を移し，生涯そこで暮らした．重原子同型置換法という手法を開発し，さまざまなタンパク質の構造を明らかにした．ケンドリューとともに1962年にノーベル化学賞を受賞．

John Kendrew
1917～1997，イギリスの化学者．キャベンディッシュ研究所でペルーツと同僚になったのがきっかけで，協同で研究を重ねた．彼らが用いた手法もポーリングらと同様にX線結晶解析である．ペルーツとともに1962年にノーベル化学賞を受賞．

この節のキーワード

・分子複合体
・タンパク質の階層的構造

■ヘモグロビン
赤血球のなかにあって酸素を運ぶタンパク質。2個のαサブユニットと2個のβサブユニットで構成されている。

6.6 タンパク質の四次構造

タンパク質が細胞内で働くときは，複数の分子で**複合体**（complex）を形成していることが多い。これは，個々のタンパク質が担う一連の反応を，複合体を作ることで効率よく進めるためである。また，他の化学反応と混ざらないようにするためでもある。このタンパク質の分子複合体をタンパク質の**四次構造**（quaternary structure）と呼ぶ。このときそれぞれの分子を**サブユニット**（subunit）と呼び，サブユニットどうしは非共有結合でくっついている。たとえば，赤血球の**ヘモグロビン**（hemoglobin）は四つのサブユニットでできており，これを四量体と呼ぶ（図6.17）。

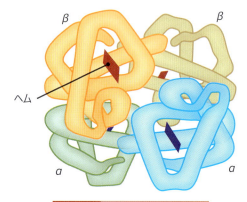

図6.17 ヘモグロビンの構造
ヘモグロビンは2本のα鎖と2本のβ鎖でできた複合体で，四つのヘムで酸素原子と結合する。

ここまでで述べたようにタンパク質の構造は階層的であり，四次構造は三次構造に，三次構造は二次構造に，二次構造は一次構造に依存している（図6.18）。タンパク質は特定の三次構造やそれが複合体を形成した四次構造の形で，機能分子として細胞内で働く。

この節のキーワード

・コンセンサス配列
・タンパク質ドメイン
・タンパク質ファミリー
・球状タンパク質
・繊維状タンパク質
・ジスルフィド結合

*1 タンパク質キナーゼについては7.6節を参照。

6.7 タンパク質の構造

タンパク質の構造に関するいくつかのトピックスをまとめておく。

6.7.1 コンセンサス配列

複数のタンパク質の間で共通したアミノ酸配列が見つかることがあり，これを**コンセンサス配列**（共通配列，consensus sequence）と呼ぶ。この配列をもつものは，似た働きをする場合がある。たとえばタンパク質キナーゼ[*1]において，リン酸化する部位の配列が決まっているものが多く，これをコンセンサス・リン酸化配列という。

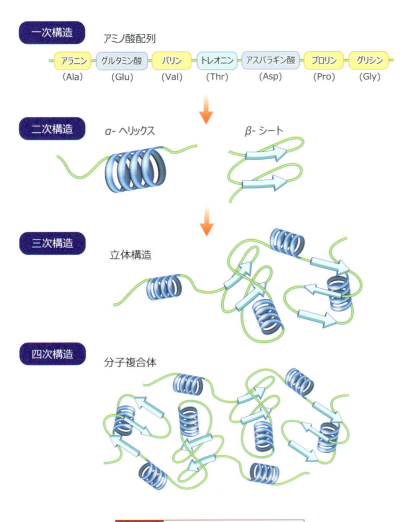

図6.18 タンパク質の構造は階層的

6.7.2 タンパク質ドメイン

多くのタンパク質は，非常によく似たアミノ酸配列をもつ．この配列は100個程度のアミノ酸でできており，共通の機能をもつ．この配列を**タンパクドメイン**（protein domain）という．タンパクドメインはタンパク質の構造単位であり，機能単位でもある．細胞膜結合ドメインやDNA結合ドメインなど，多くの種類のドメインがある．

がん遺伝子産物であるSrcチロシンキナーゼは，複数のドメインでできている（図6.19）．このように，一つのタンパク質のなかに複数のドメインがあることも珍しくない．

6.7.3 タンパク質ファミリー

生体には，アミノ酸配列や立体構造が似たタンパク質が多数ある．これ

■**がん遺伝子**
変異遺伝子の一つで，活性をもつ(遺伝子が発現する)と細胞をがん化させる．細胞増殖の調節に関与している正常遺伝子（原がん遺伝子）が変異したものなどがある．

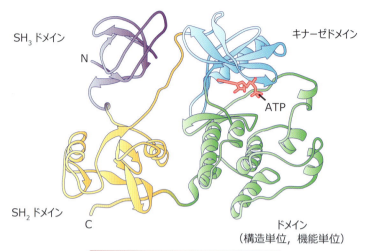

図6.19 タンパク質のドメイン構造

Srcチロシンキナーゼ（シグナル伝達分子）を例にあげた．

は，共通の先祖から進化してできたものと考えられ，**タンパク質ファミリー**（protein family）と呼ばれている．たとえばタンパク質分解酵素のトリプシン，キモトリプシン，エラスターゼはみな同じ立体構造をもち，機能も似ている．

6.7.4　球状タンパク質と繊維状タンパク質

多くの酵素は丸い形をした**球状タンパク質**（globular protein）である．球状タンパク質は中心に疎水性側鎖のアミノ酸が集まっており，表面に親水性側鎖のアミノ酸が配置され構造が安定化している（6.5節参照）．

一方，結合組織に含まれるコラーゲンやエラスチンは非常に長い形をしており，**繊維状タンパク質**（fibrous protein）と呼ばれる．繊維状タンパク質

Column

囊胞性線維症

囊胞性線維症（cystic fibrosis）は，小児に発症する劣性遺伝子疾患である．白人では約2500人に1人の割合で発症する致死性の遺伝病である．呼吸器疾患であり，臨床症状は肺の気道の上皮細胞から粘着性の高い粘液が産生され気道閉塞が起こる．その後，気道に細菌が繰り返し感染し，呼吸不全で30歳以前に死ぬことが多い．

囊胞性線維症の特徴は，上皮細胞における塩素イオン（Cl^-）輸送の異常である．実際，囊胞性線維症の原因遺伝子として塩素イオンチャネルが同定され，これが正常に機能していないことが明らかにされた．この塩素イオンチャネルは，囊胞性線維症膜コンダクタンス制御因子（cystic fibrosis transmembrane conductance regulator；CFTR）と呼ばれ，上皮細胞の細胞膜で働いている．

囊胞性線維症の70％に見られる変異は塩素チャネル遺伝子の508番目のフェニルアラニン残基の欠損であり，この変異によりタンパク質の折りたたみや組み立てに異常が起こり，チャネルが細胞膜に輸送されることなく分解されてしまう．タンパク質の立体構造が疾患に深くかかわっている例である．

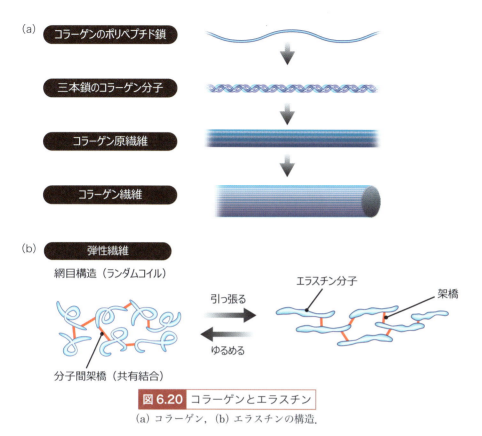

図 6.20 コラーゲンとエラスチン
(a) コラーゲン, (b) エラスチンの構造.

はその多くが細胞外部にあり，**細胞外マトリックス**（extracellular matrix；ECM）を形成している．**コラーゲン**（collagen）は，細胞外マトリックスタンパク質のなかで最も量が多い．コラーゲンは三本鎖らせん構造を基本単位であり，これが集合してコラーゲン原繊維を作り，それがさらに集まってコラーゲン繊維を形成する（図 6.20 a）．**エラスチン**（elastin）は互いに共有結合を作り，ゴムのような弾性繊維になる（図 6.20 b）．エラスチンのおかげで皮膚，動脈，肺組織などが伸びたり元に戻ったりできる．

6.7.5 ジスルフィド結合

タンパク質のなかには，システイン（アミノ酸の一つ）の SH 基が S–S の形で結合しているものがある．この結合を**ジスルフィド結合**（disulfide bond，または S–S 結合）と呼ぶ（図 6.21）．

ジスルフィド結合は分子内で起こることもあれば，分子間で起こることもあり，タンパク質の構造の安定化に関係している．S–S 結合はその分子の機能（働き）にも重要な影響を与えている．S–S 結合をもつ分子は細胞外で働くものが多く，たとえばホルモンのインスリンは S–S 結合でサブユニットがつながっている（図 6.22）．

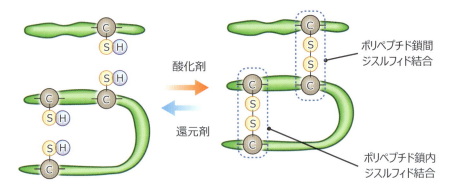

図 6.21 ジスルフィド結合（S-S 結合）

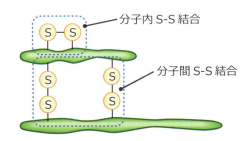

図 6.22 インスリンに見られるジスルフィド結合（S-S 結合）の例

確認問題

1. アミノ酸どうしが縮合反応で結合するメカニズムを説明しなさい．
2. タンパク質の一次構造，二次構造，三次構造，四次構造とは何かを説明しなさい．
3. 球状タンパク質の中心部には疎水性の側鎖をもつアミノ酸が多い理由を説明しなさい．
4. 生体高分子どうしの結合と解離は非共有結合によることが多い理由を説明しなさい．

タンパク質の構造と機能(2)

この章で学ぶこと

タンパク質はさまざまな機能をもち，その機能はその立体構造（三次構造）や複合体構造（四次構造）に依存していることは前章で説明した．タンパク質の機能には，さらに他の分子との結合や相互作用もかかわってくる．本章ではタンパク質と他の分子との相互作用を学ぶ．

このタンパク質と他の分子との相互作用は，抗体－抗原反応に見られるように非常に特異性が高いのが特徴である．生体内にはさまざまな酵素が化学反応の触媒として働いている．また，タンパク質の機能発現に必要なタンパク質以外の小分子が知られている．タンパク質の活性はさまざまな方法で制御されている．特にアロステリックな調節はタンパク質の活性制御に重要である．また，リン酸化などの共有結合修飾によってもタンパク質の活性が制御されている．

7.1 タンパク質の特異性

タンパク質の機能は，その立体構造や複合体構造によって決まる．タンパク質が生体内で働くときには，それぞれのタンパク質に固有の相手と相互作用（結合と解離）する（図7.1）．この相互作用は非共有結合による弱い相互作用である．タンパク質が結合できる相手分子は厳密に決まっており，非常に特異性（specificity）の高い反応である．

この節のキーワード
・特異性
・リガンドと結合部位

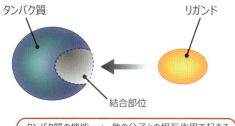

図7.1 タンパク質の機能

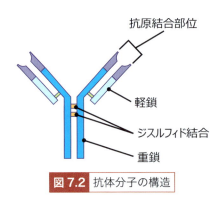

図7.2 抗体分子の構造

このとき，タンパク質が結合する相手分子を**リガンド**（ligand）と呼ぶ．また，リガンドが結合するタンパク質の部位を**結合部位**（binding site）と呼ぶ．免疫反応（抗原－抗体反応）を例に見てみよう．抗体（antibody）は外から入ってきた異物（抗原；antigen）に結合して不活性化する（図7.2）．この反応において，抗体のリガンドが抗原であり，抗体と抗原の結合は非常に特異性が高い．つまり，特定の抗体は特定の抗原を不活性化するようにできている．これが免疫反応の基礎である．また，抗体が抗原に結合する部位も決まっている（図7.2）．

■**抗体**
外界から侵入してきた分子に結合するタンパク質．免疫グロブリンというタンパク質でできており，Bリンパ球で作られる．

この節のキーワード
・触媒
・酵素反応（遷移状態）
・酵素の分類

■**遷移状態**
化学反応における反応中間体で，最も高いエネルギーをもつ状態．この状態になるための時間が，反応速度を決める．

7.2 酵素反応

酵素（enzyme）は生体内の化学反応を触媒する（速くする）タンパク質であり，生体内でさまざまな化学反応の進行に関与している（表7.1）．酵素が働く相手分子を**基質**（substrate）という．酵素と基質の関係は厳密に決まっており，非常に特異性の高い反応である．基質が結合する部位を酵素の**活性部位**（active site）と呼ぶ（図7.3）．酵素は生体内の化学反応の速度を上げるが，自分自身は変化しないのが特徴である．

酵素が化学反応の反応速度を上げるメカニズムは，化学反応における活性化エネルギーの変化で説明できる（図7.4）．**基質** S（substrate）が化学反応により**生成物** P（product）に変化するには活性化エネルギー以上のエネルギー

表7.1 加水分解酵素の例

加水分解酵素	反応
ATPアーゼ	ATPを加水分解する．細胞はATPの加水分解で放出されたエネルギーを使って働く．
プロテアーゼ	アミノ酸のペプチド結合を加水分解し，タンパク質を切断する．
ホスファターゼ	加水分解によってリン酸基を除去する．
ヌクレアーゼ	加水分解によって核酸を切断する．

この他にもいろいろな酵素がある．酵素の名前は最後に「アーゼ（ase）」がつくのが一般的である．

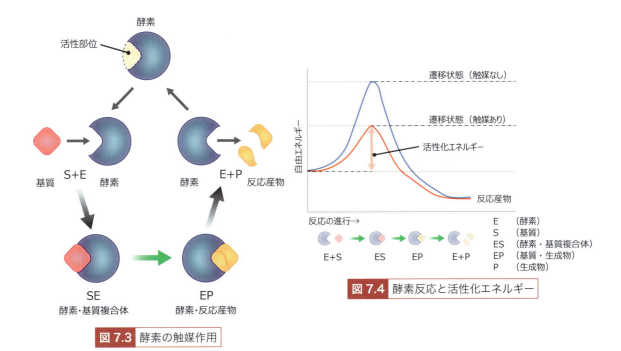

図 7.3 酵素の触媒作用

図 7.4 酵素反応と活性化エネルギー

が必要なので，反応は簡単には進まない．酵素は基質と結合して**遷移状態**（transition state）になり，反応の進行に必要な活性化エネルギーを低くする．そのため反応が起こりやすくなり，化学反応の速度が上昇する．

　酵素が基質に結合して遷移状態になったときの相互作用には，いくつかモデルが提唱されている（図 7.5）．化学反応の進行に二つの基質が必要な場合は，酵素によって二つの基質が近づけられる．また，基質の電子分布や立体構造を変えることで，化学反応を起こりやすくする場合もある．

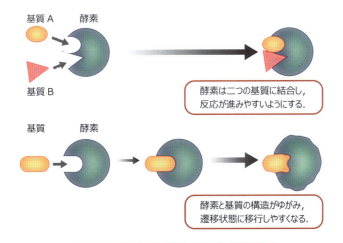

図 7.5 酵素－基質間相互作用のモデル

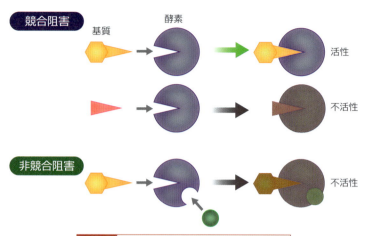

図 7.6 酵素の競合阻害剤と非競合阻害剤

　酵素の触媒反応を低下させる物質を**阻害剤**（inhibitor）と呼ぶ．阻害剤の作用は可逆的(元に戻れる)であることも不可逆的(元に戻れない)であることもある．可逆的阻害剤は酵素と非共有結合するもので，競合阻害剤と非競合阻害剤がある（図 7.6）．競合阻害剤は酵素の結合部位に結合し，基質の結合を妨げることにより反応を阻害する．非競合阻害剤は結合部位ではないところに結合し，酵素の働きを阻害する．非競合阻害は，7.5 節で述べるアロステリックな調節になる．

　生体内にはさまざまな酵素があり，それらは機能によって分類できる．たとえば，加水分解酵素は加水分解による切断反応を触媒する酵素である（表 7.1）．加水分解酵素には，タンパク質のペプチド結合を切断するプロテアーゼ，ATP を加水分解して ATP のもつエネルギーを取り出す ATP アーゼなど，さまざまな種類がある．タンパク質の化学修飾を触媒するキナーゼやホスファターゼや，DNA や RNA の重合合成にかかわるポリメラーゼも酵素である．

Column

酵素は医療に深くかかわっている

　一般的に使われている薬物の多くは，酵素の阻害剤として働く．たとえば，ペニシリンなどのベータラクタム系抗菌薬は，細菌の細胞壁を合成する酵素を阻害する．高血圧の患者に処方されるアンジオテンシン変換酵素阻害薬は，アンジオテンシン I を分解してアンジオテンシン II（血管収縮作用をもつ）にする酵素を阻害することで，血圧降下作用を示す．アスピリンはプロスタグランジンの合成を阻害する．プロスタグランジンは炎症を刺激するなど，痛みに関係する物質である．

　酵素は，さまざまな臨床診断にも用いられている．たとえばアラニンアミノトランスフェラーゼ（ALT）は，肝臓に多く含まれている酵素である．血漿の ALT レベルが上がることは，肝臓の損傷を示唆する．また，クレアチンキナーゼの血漿での濃度は，心筋梗塞の診断に用いられている．

7.3 タンパク質の働きを調節する小分子

タンパク質が働くときに，タンパク質以外の小分子が必要なときがある．多くの酵素には金属イオンが結合して，酵素の働きを支えている．たとえば赤血球のヘモグロビンにはヘム (heme) 基 (図 7.7) がついており，酸素の結合に必要である．

この節のキーワード
- 金属イオン
- ビタミン

■**ヘム基**
鉄原子をもつ環状有機分子．ヘモグロビンやシトクロムに含まれる．

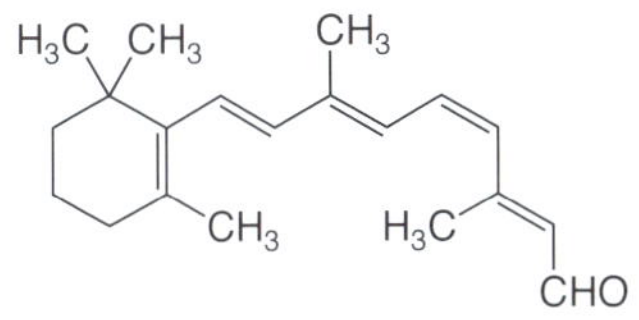

レチナールの化学構造 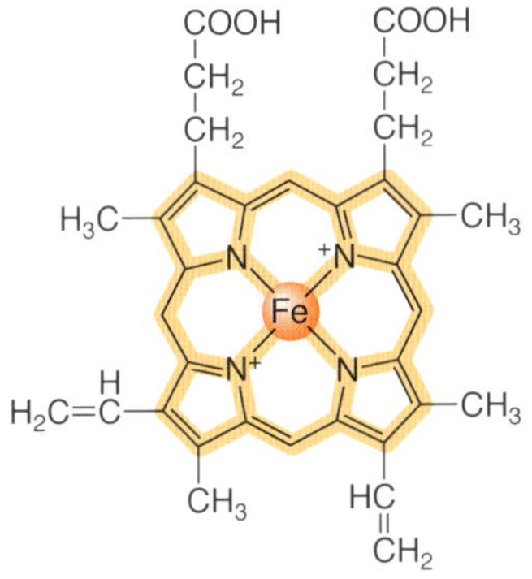　　　ヘム基の構造

図 7.7 タンパク質に機能を与える小分子

ビタミンには，タンパク質の活性に必要な小分子を作る働きがある．たとえば，網膜の光受容体であるロドプシンの活性にはレチナールという小分子が必要であるが，レチナールの合成にはビタミン A が必要である (図 7.7)．

7.4 タンパク質の制御

タンパク質の活性はさまざまなレベルで**制御** (control) されている．まず遺伝子レベルでの調節があり，転写やタンパク質の合成を制御することにより細胞内での分子の数を調節している．また，タンパク質分子を分解したり，細胞内局在を制御することで，タンパク質の活性を調節することもできる．このように細胞内では，酵素などのタンパク質の活性を分子レベルで調節する方法が発達している．

生体内での**代謝経路** (metabolic pathway) では，さまざまな酵素を介した複数の化学反応により，ある物質が最終生成物まで変化する．最終生成物が必要量より過剰に生産されると，最終生成物が代謝の初期に働いている酵素の活性を阻害して代謝を抑制し，生成物が過剰に作られないようにする．このような負の制御をフィードバック阻害 (feedback inhibition) と呼び，生体内で見られる制御方法の代表的な一つである (図 7.8)．正の制御もあり，これはポジティブフィードバック (positive feedback) と呼ばれる．

この節のキーワード
- タンパク質の活性制御
- フィードバック阻害

■**代謝経路**
生体内で，ある反応の生成物が次の反応の基質になるような，連続した酵素反応．代表的なものに解糖系 (糖質の分解) やクエン酸回路 (ATP の合成) などがある．

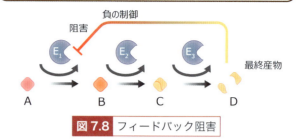

図7.8 フィードバック阻害

この節のキーワード
・アロステリック酵素

7.5 アロステリック効果

酵素に基質以外の分子が結合してその活性を制御することを**アロステリック**（allosteric）効果と呼び，このように制御される酵素をアロステリック酵素と呼ぶ（図7.9）．基質以外の分子が酵素に結合すると，酵素の立体構造（コンフォメーション；conformation）が変化する．アロステリック酵素では，酵素が2通り以上のコンフォメーションをもち，コンフォメーションの変化により活性が調節されると考えてもよい．

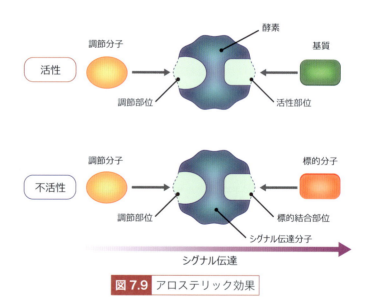

図7.9 アロステリック効果

■**カルモジュリン**
小型のCa^{2+}結合タンパク質で，細胞内Ca^{2+}濃度の変化に対応してさまざまな標的タンパク質に結合して，その活性を調節する．

アロステリック調節は酵素以外にもシグナル伝達分子で多く見られ，カルモジュリンがその例である．カルモジュリン（calmodulin）がカルシウムイオンに結合すると，構造が変わり，標的タンパク質と結合できるようになる（図7.10）．

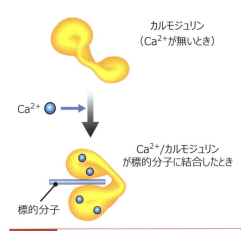

図 7.10 分子スイッチの例（カルモジュリン）

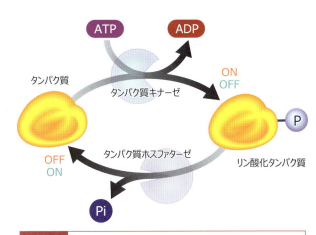

図 7.11 タンパク質のリン酸化/脱リン酸化による制御

7.6 タンパク質の化学修飾

7.6.1 タンパク質のリン酸化・脱リン酸化

　タンパク質の活性を制御する方法として，リン酸化・脱リン酸化による調節が知られている．リン酸化・脱リン酸化はタンパク質の化学修飾の一つで，アミノ酸のセリン，トレオニン，チロシン残基の -OH 基に ATP からリン酸基(-P)を転移する反応である（図7.11）．この反応を触媒する酵素はタンパク質リン酸化酵素（**タンパク質キナーゼ**；protein kinase）と呼ばれ，細胞外からのシグナルを受けて，細胞内で活性化されるものが多い．また，タンパク質キナーゼには多くの種類がある．

　活性化されたタンパク質キナーゼは，特定の基質の特定のアミノ酸をリン酸化する．リン酸化されたタンパク質(基質)は立体構造が変化し，活性がオンやオフになる．このようにして，細胞外からのシグナルが，タンパク質のリン酸

この節のキーワード

・可逆的調節
・シグナル伝達
・タンパク質キナーゼ
・ホスファターゼ
・化学修飾
・ユビキチン化
・アセチル化

Column　シグナル伝達とがん遺伝子

　細胞の分裂は厳密に制御されている．正常細胞では，増殖因子が細胞膜の受容体に結合すると細胞周期が進行し，細胞は分裂して増えるが，増殖因子がないときには，休止期に移行して増殖は止まる．これに対して細胞ががん化すると，増殖因子がなくても繰り返し分裂する．

　がん遺伝子（oncogene）は原がん遺伝子（proto-oncogene）が変異したものである．原がん遺伝子は正常な細胞で働いており，増殖を調節するタンパク質をコードしている．原がん遺伝子に変異が起こるとがん遺伝子になる．この変異は遺伝的に優性であり，一対の染色体のどちらかに変異が起こると，その遺伝子産物がどんどん分裂シグナルを送るようになる．

　これまで同定されたがん遺伝子は増殖因子のシグナル伝達にかかわっているものが多く，たとえば増殖因子そのもの，膜受容体タンパク質，G タンパク質，タンパク質キナーゼ，分裂に必要な遺伝子発現を制御する転写因子などがある．

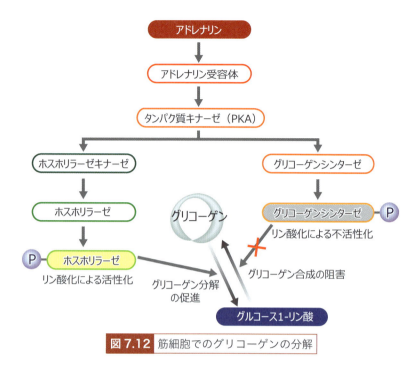

図7.12 筋細胞でのグリコーゲンの分解

化というかたちで細胞内に伝えられる．タンパク質のリン酸化反応は可逆的な反応で，リン酸化されたアミノ酸はタンパク質脱リン酸化酵素（**タンパク質ホスファターゼ**；phosphatase）により脱リン酸化され，元の状態に戻る（図7.11）．ホスファターゼのなかにも細胞外のシグナルを受けて活性化されるものがある．

たとえば筋肉の細胞では，アドレナリンの刺激によってグリコーゲンが分解され，グルコースが生産される反応が起こる（図7.12）．これは，アドレナリンによってPKA（protein kinase A）と呼ばれるタンパク質キナーゼが活性化

■ PKA
環状AMP依存性タンパク質キナーゼのこと．細胞内の環状AMPの濃度が上昇すると活性化され，タンパク質をリン酸化する酵素．

Column　がん治療のためのタンパク質キナーゼ阻害剤の開発

　細胞のがん化において，タンパク質キナーゼの果たす役割は非常に大きい．これまでもタンパク質キナーゼの阻害剤が抗がん剤として有効なのではないかと予想され，多くの研究開発がなされてきた．重要なことは，すべてのタンパク質キナーゼを阻害する薬物は抗がん剤としては使えないことである．正常な細胞を殺してしまうためである．つまり，がん化にかかわっている特定のタンパク質キナーゼに対して有効な薬物の開発が必要である．これまでに，2種類の阻害剤が開発され抗がん剤として注目を浴びている．

　小分子阻害剤であるイマチニブ（別名グリベック）は慢性骨髄性白血病の原因遺伝子産物であるAblチロシンキナーゼの特異的阻害剤であり，ほぼ100％の効率で患者に寛解をもたらした．この薬物はAblキナーゼの活性部位に結合し，キナーゼ活性を阻害する．

　ヒト乳がんでは，Erb2/HER2/neuと呼ばれるがん遺伝子が多く発現し，がん化にかかわっている．この遺伝子の産物は細胞膜で発現しており，トラツズマブ（ハーセプチン）はこの遺伝子産物を標的とする抗体であり，臨床応用されている．

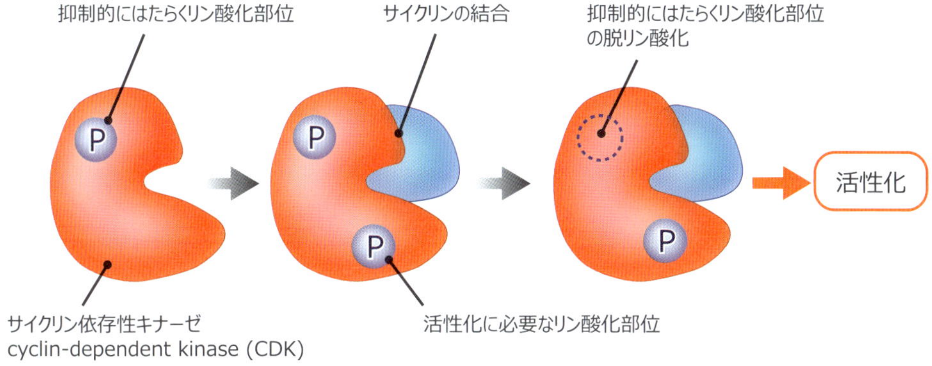

7.6 タンパク質の化学修飾

図7.13 サイクリン依存性キナーゼの活性化メカニズム

され，リン酸化反応を起こすからである．このとき，グルコースからグリコーゲンを合成するグリコーゲンシンターゼは，PKAによってリン酸化され，不活化（オフ）される．逆に，グリコーゲンを分解してグルコースにするホスホリラーゼは，PKAによってリン酸化され，活性化（オン）される．

　タンパク質キナーゼのなかには，細胞の生存にとってきわめて重要な働きをしているものがある．それらは複数のシグナルを感知し，特定の条件が揃ったときにはじめて酵素活性をもつことが多い．たとえば，細胞周期を調節しているサイクリン依存性タンパク質キナーゼ（Cdk）は，サイクリンを抑制している部位が脱リン酸化され，さらに活性化に必要な部位がリン酸化されると，ようやくキナーゼとして働けるようになる（図7.13）．

7.6.2 タンパク質のさまざまな化学修飾

　リン酸化の他にも，さまざまなタンパク質の化学修飾がある（図7.14）．たとえば**ユビキチン**（ubiquitin）がタンパク質に結合すると，そのタンパク質は

■**ユビキチン**
細胞内でタンパク質を分解するための標識として働く小型タンパク質．76アミノ酸からなる．

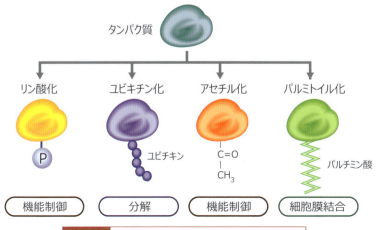

図7.14 共有結合によるタンパク質の修飾反応

Biography

Aaron Ciechanover
1947～，ハイファ出身のイスラエルの生化学者．1986年にテクニオン・イスラエル工科大学に赴任し，現在も医学部の教授を務める．ユビキチンを介したタンパク質分解の発見によりハーシュコ，ローズとともに2004年ノーベル化学賞を受賞．

Avram Hershko
1937～，ハンガリー生まれのイスラエルの生化学者．1950年に一家でイスラエルに移住した．

Irwin Rose
1926～2015，ブルックリン生まれのアメリカの生物学者．リウマチを持病とする兄の存在が，研究者を志すきっかけになった．

この節のキーワード

・GTP結合タンパク質
・低分子量GTP結合タンパク質
・GTPアーゼ

表7.2 共有結合によるタンパク質の修飾反応

反　応	修飾残基	機　能
リン酸化	セリン，トレオニン，チロシン	タンパク質の活性調節
ユビキチン化	リシン	分解の目印
アセチル化	リシン	クロマチンのヒストンコードを作る補助，チューブリンの修飾
パルミトリル化	システイン	タンパク質の膜局在
メチル化	リシン，アルギニン	クロマチンのヒストンコードを作る

分解の標的になる．この研究により2004年にチカノーバー，ハーシュコ，ローズがノーベル化学賞を受賞した．

またヒストンのように，リシン側鎖にアセチル基が付加する(アセチル化)と活性が変わるタンパク質もある．さらに，システイン側鎖に脂肪酸のパルミチン酸が付加する(パルミトイル化)ことで，細胞膜に結合できるようになるタンパク質もある．表7.2にタンパク質の共有結合による修飾をまとめた．

7.7　GTP結合タンパク質

GTP結合タンパク質（GTP-binding protein，Gタンパク質ともいう）は，タンパク質のリン酸化・脱リン酸化反応と似た化学修飾を行う(図7.15)．GTP結合タンパク質は細胞内で分子スイッチとして働く．GDPに結合した状態では活性がないが，GTPに結合した状態では特定の分子に結合して，それらを活性化する．

GTP結合タンパク質はGTP加水分解酵素（GTPアーゼ）活性をもち，時間が経てば結合したGTPは自分自身によりGDPに分解され，GTP結合タンパク質はオフの状態になる．GTP結合タンパク質には大きく分けて2種類あり，ホルモンや味覚，臭覚のシグナルを細胞内に伝える複合体型(三量体)と，細胞の増殖，運動，輸送などを制御する低分子量GTP結合タンパク質がある．

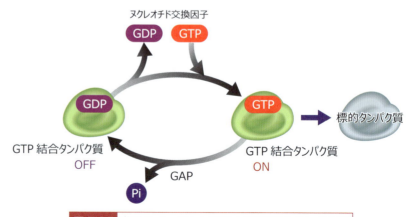

図7.15 分子スイッチとして働くGTP結合タンパク質

7.8 モータータンパク質

この節のキーワード
・ミオシン
・キネシン
・ダイニン

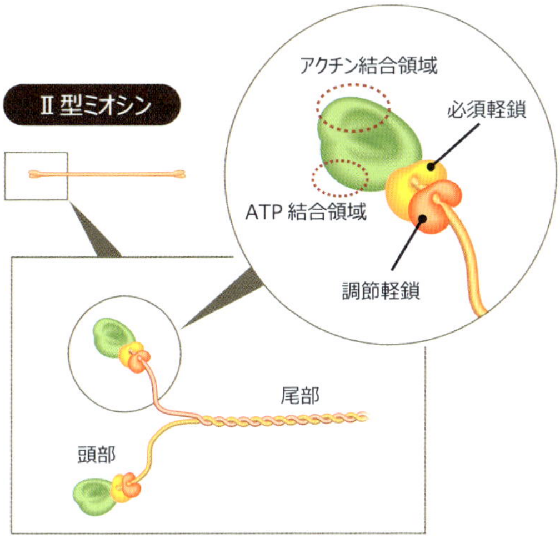

細胞のなかには，細胞骨格繊維をレールにして，ATPのエネルギーを使いながら移動する**モータータンパク質**（motor protein）がある．モータータンパク質の一種であるミオシンは，筋肉の収縮や細胞運動の原動力である．また，キネシンやダイニンは細胞分裂の時の染色体の移動や細胞内小器官の輸送にかかわっている．

モータータンパク質はATPの加水分解で得たエネルギーを使って，方向性のある運動を行う．ミオシンを例にとって運動過程のモデルを説明する．II型ミオシン（ミオシン）は二量体で頭部のモータードメインにはアクチンとATPの結合ドメインがある．それに必須軽鎖と調節軽鎖がついている（図7.16）．ATPが結合していないミオシンはアクチン繊維に強く結合している（図7.17）．ここにATPが結合すると，アクチンから離れる．アクチンから離れるとATPが加水分解され，ミオシン頭部が構造変化を起こして，最初の結合部位よりも＋端にずれた位置のアクチンに結合する．ミオシンからADPとリン酸がはず

図7.16 II型ミオシンの構造

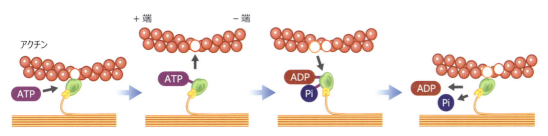

図7.17 ミオシンの作動モデル

れると，ミオシンはアクチン繊維をたぐりよせる．この結果，アクチン繊維が滑り，運動につながる．

確認問題

1. 酵素が化学反応の反応速度を上昇させるメカニズムを説明せよ．
2. アロステリック効果とは何か説明しなさい．
3. タンパク質のリン酸化による制御とGTP結合タンパク質による制御の類似点を説明しなさい．

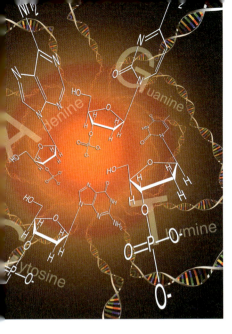

第8章

遺伝子発現と核酸

この章で学ぶこと

第6,7章で，タンパク質がさまざまな機能をもつことを学んだ．生物は自らの細胞で作ったタンパク質を使って生命活動を行っている．細胞はタンパク質を作るための設計図を，DNAとしてもっている．しかし，DNAのもつ情報から直接タンパク質が作られるわけではない．まずDNAからRNAが作られ，そのRNAを利用してタンパク質が作られる．このDNAからRNAを作る過程を「転写」，RNAからタンパク質を作る過程を「翻訳」と呼ぶ．さらに，この一連の過程を「遺伝子発現」と呼ぶ．本章では，遺伝子発現の流れについて概観し，遺伝子発現で重要な役割を担う2種類の核酸であるDNAとRNAがどのような物質であるかを学ぶ．

8.1 遺伝子発現

8.1.1 遺伝子発現の流れ

生物は生命活動を行うために，自らの細胞で，その活動に必要な機能をもつタンパク質を作る必要がある．タンパク質は，アミノ酸が特定の順番にペプチド結合でつながった高分子化合物である（6.1節参照）．細胞はどのようにしてタンパク質を作るのだろうか．

細胞がタンパク質を作るための設計図が**ゲノム**（genome）である．ゲノムにはタンパク質のアミノ酸配列の情報だけでなく，そのタンパク質を作る条件（常に作り続けるか，あるいは発生の特定の時期にだけ作るか，またはすべての組織で作るか，あるいは特定の組織だけで作るかなど）に関する情報も含まれている．ゲノムのもつ情報は遺伝情報とも呼ばれる．

ゲノムは**DNA**（デオキシリボ核酸，deoxyribonucleic acid）という物質でできている．そのため，ゲノムのことをゲノムDNAと呼ぶこともある．細胞でタンパク質を作るためには，まずDNAの情報に基づいて**RNA**（リボ核酸，ribonucleic acid）を作る必要がある．このDNAからRNAが作られる過程を**転写**（transcription）という．次に，転写されたRNAを使って，ゲノムがもつ情報通りのアミノ酸配列のタンパク質が作られる．このRNAからタンパク

この節のキーワード

・遺伝子発現
・ゲノム
・遺伝情報
・DNA
・RNA
・転写
・翻訳
・セントラルドグマ
・核膜
・転写と翻訳の共役

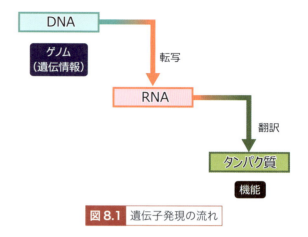

図 8.1 遺伝子発現の流れ

Biography
Francis Crick
1916～2004，イギリスの分子生物学，物理学者．もともとは物理学者だったが，生物学に転向した．DNAの構造を明らかにした功績により，ワトソン，ウィルキンスとともに，1962年にノーベル生理学・医学賞を受賞．

質が作られる過程を**翻訳**（translation）という．

このように，細胞のなかでゲノムのもつ遺伝情報がDNA → RNA → タンパク質と伝達されることにより，細胞は機能をもつタンパク質を作り，生命活動を行うことができる（図8.1）．この細胞が遺伝情報に基づいてタンパク質を作る過程を**遺伝子発現**（gene expression）と呼ぶ．遺伝情報がDNA → RNA → タンパク質と一方向に伝達されるという概念は，RNAの機能などがまだ明らかになっていなかった1956年にクリックによって分子生物学の**セントラルドグマ**（central dogma）として提唱された．

8.1.2 原核生物と真核生物の遺伝子発現の比較

原核生物と真核生物の細胞の構造上の大きな違いは，真核生物の細胞（真核細胞）が核膜をもつことである（1.4節参照）．原核生物の細胞は核膜をもたないので，転写も翻訳も細胞質で行われる（図8.2）．そのため，転写が完了していないmRNAにリボソームが結合して翻訳が開始する（図8.3）．この現象を，転写と翻訳の共役と呼ぶ（転写と翻訳の詳細は第12～14章で説明する）．

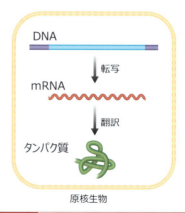

図 8.2 原核生物における遺伝子発現

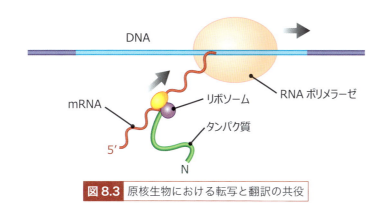

図 8.3 原核生物における転写と翻訳の共役

真核生物における遺伝子発現は，原核生物に比べ，複雑である（図 8.4）．真核細胞は核膜をもつので，細胞は核膜により核と細胞質に分けられている．真核細胞のゲノム DNA は核にあり，転写は核で起こる．核内で完成した mRNA は，核膜にある核と細胞質を連絡する穴（核膜孔）を通って細胞質に運ばれ，翻訳に利用される．つまり，真核細胞では，転写と翻訳は細胞内の異なる場所で行われる．

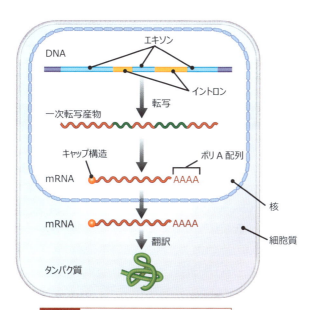

図 8.4 真核生物における遺伝子発現

8.2 核酸

遺伝子発現において遺伝情報を担う DNA も，DNA から転写される RNA も，**核酸**（nucleic acid）という化合物である．DNA は deoxyribonucleic acid

この節のキーワード
・DNA
・RNA
・ヌクレオチド

Biography
Friedrich Miescher
1844～1895. スイスの生理学者, 医師. 1869年に白血球細胞核中から核酸を単離し, ヌクレインと名づけた. 当時はそれほど重要視されなかったが, 20世紀初頭にその重要性が認められ, 遺伝学に大きな影響を与えた.

の略語で, 日本語ではデオキシリボ核酸と呼ぶ. RNAはribonucleic acidの略語で, 日本語ではリボ核酸と呼ぶ.

核酸の構成単位は**ヌクレオチド**（nucleotide）である. DNAもRNAもヌクレオチドが多数重合した高分子化合物〔これをポリヌクレオチド（polynucleotide）と呼ぶ〕のかたちで細胞に存在している. ヌクレオチドは, 糖と塩基とリン酸からなる化合物である（図8.5）. DNAは, 1869年にミーシャーによって膿に含まれる細胞の核にある新しい物質として発見された. DNAが高分子化合物であることが明らかになるのは1930年代のことである. また, 糖と塩基が結合してできる分子をヌクレオシド（nucleoside）と呼ぶ（図8.5）.

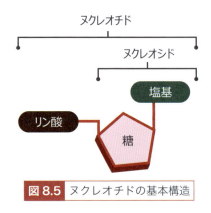

図8.5 ヌクレオチドの基本構造

この節のキーワード
・ヌクレオチド
・デオキシリボース
・塩基（アデニン, グアニン, シトシン, チミン）
・リン酸基

8.3 DNAを構成するヌクレオチド

8.3.1 糖成分のデオキシリボース

DNAを構成するヌクレオチドの糖は, **2′-デオキシリボース**（2′-deoxyribose）である. そのため, DNAを構成するヌクレオチドを**デオキシリボヌクレオチド**（deoxyribonucleotide）と呼ぶこともある. デオキシリボースは炭素原子を五つ含む糖(五炭糖)で, 同じく五炭糖のリボースとよく似た構造をしている(図8.6). デオキシリボースとリボースの五つの炭素原子には1′〜5′の番号がついている(番号に「′」がついているのは, 塩基を構成する炭素や窒

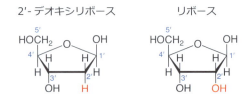

図8.6 デオキシリボースとリボースの比較

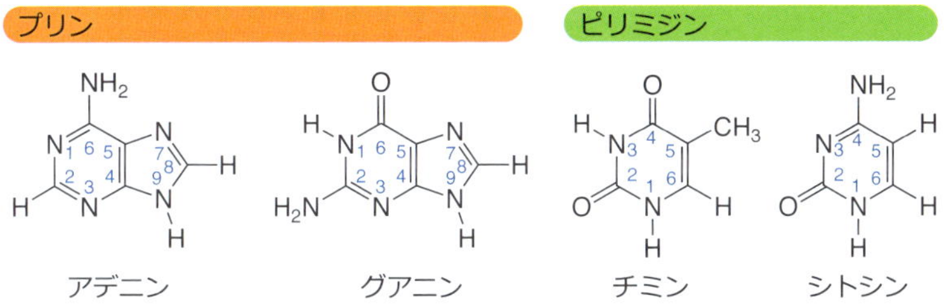

図8.7 DNAに含まれる4種類の塩基

素の番号と区別するためである。図8.7参照).

2′-デオキシリボースのデオキシ(deoxy)とは，酸素(oxy)が抜けている(de)という意味である．つまり2′-デオキシリボースでは，リボースの2′の炭素原子に結合しているヒドロキシ基(OH基)が水素に置換され，酸素が一つ抜けている(図8.6).

8.3.2 塩基はA，C，G，Tの4種類

DNAを構成するヌクレオチドの塩基は，2個の環をもつ**プリン**(purine)と1個の環をもつ**ピリミジン**(pyrimidine)に大別される．プリンには**アデニン**(adenine，Aと略す)と**グアニン**(guanine，Gと略す)の2種類が，ピリミジンには**シトシン**(cytosine，Cと略す)と**チミン**(thymine，Tと略す)の2種類があり，合計4種類がある(図8.7).

塩基は2′-デオキシリボースの1′の炭素原子に**N-グリコシド結合**(N-glycosidic bond)で結合している(図8.9参照).

8.3.3 リン酸基は3個まで

2′-デオキシリボースの5′の炭素原子にはリン酸基が3個まで結合することができる(図8.8)．2′-デオキシリボヌクレオシドにリン酸基が1，2，または3個結合した分子を，それぞれ2′-デオキシリボヌクレオシド5′-一リン酸(2′-deoxyribonucleoside 5′-monophosphate，略語はdNMP)，2′-デオキシリボヌクレオシド5′-二リン酸(2′-deoxyribonucleoside 5′-diphosphate，略語はdNDP)，2′-デオキシリボヌクレオシド5′-三リン酸(2′-deoxyribonucleoside 5′-triphosphate，略語はdNTP)と呼ぶ(図8.10参照)．デオキシリボヌクレ

■ mono, di, tri
mono, di, triはそれぞれ1, 2, 3を表す接頭辞である．モノレールのモノ，デュエットのジ，トリオのトリなどでも目にする．

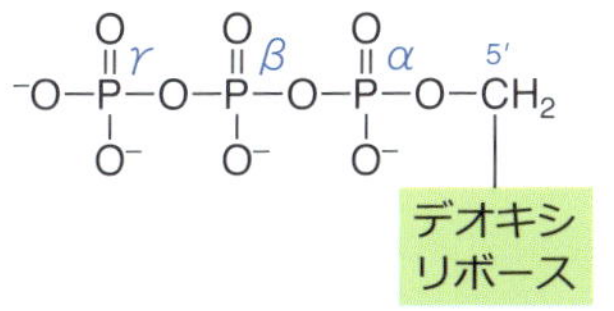

図8.8 5′炭素原子に結合した3個のリン酸基

オシド三リン酸の三つのリン酸基は，デオキシリボースの 5' の炭素原子に近いほうから α 位，β 位，γ 位とされる（図 8.8）．

8.3.4　4 種類のヌクレオチド

DNA を構成するヌクレオチドの塩基にはアデニン，グアニン，シトシン，チミンの 4 種類があり，これらの塩基を含むデオキシリボヌクレオシド三リン酸は図 8.9 の構造をしている．それぞれの分子の名称は

2'- デオキシアデノシン 5'- 三リン酸（2'-deoxyadenosine 5'-triphosphate，略語は dATP）

2'- デオキシグアノシン 5'- 三リン酸（2'-deoxyguanosine 5'-triphosphate，略語は dGTP）

2'- デオキシシチジン 5'- 三リン酸（2'-deoxycytidine 5'-triphosphate，略語は dCTP）

2'- デオキシチミジン 5'- 三リン酸（2'-deoxythymidine 5'-triphosphate，略語は dTTP）

である．また，塩基がアデニンの場合を例にとると，デオキシリボヌクレオシド二リン酸，デオキシリボヌクレオシド一リン酸は図 8.10 の構造となる．それぞれの分子の名称は

2'- デオキシアデノシン 5'- 二リン酸（2'-deoxyadenosine 5'-diphosphate，略

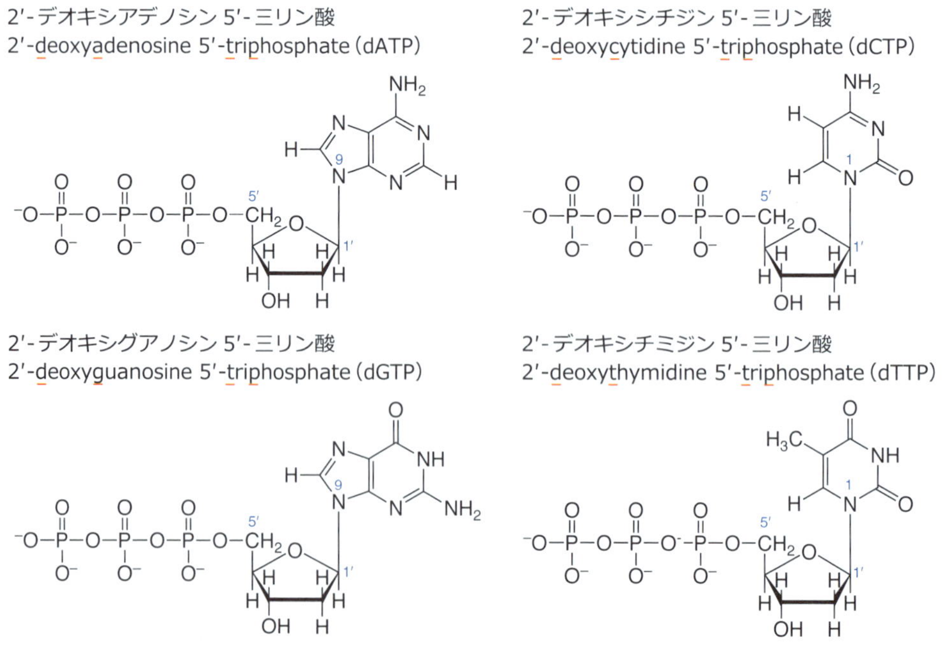

図 8.9 4 種類のデオキシリボヌクレオシド三リン酸

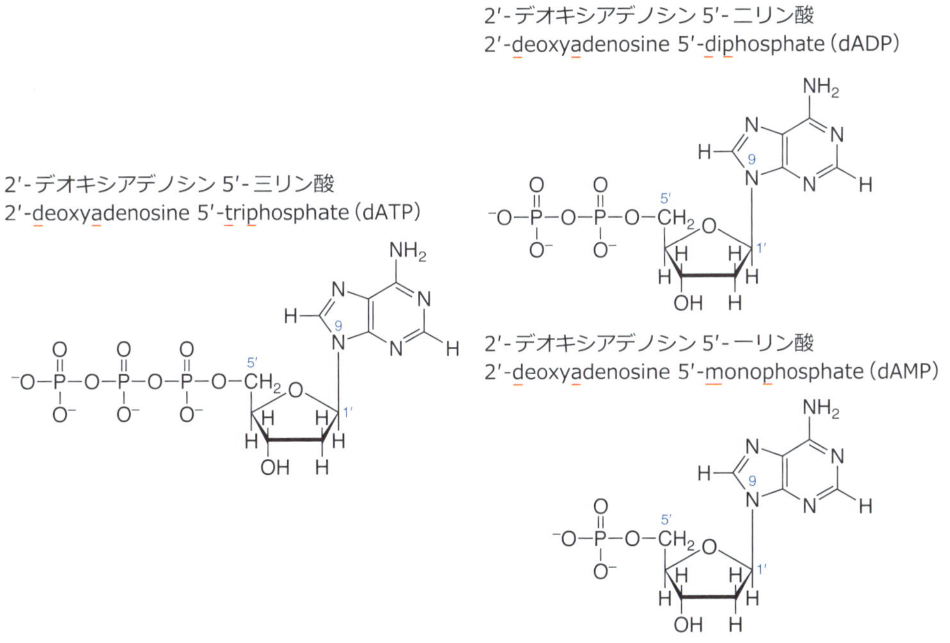

図8.10 リン酸基の数が異なるデオキシリボヌクレオチド

語は dADP)
2′-デオキシアデノシン 5′-一リン酸 (2′-deoxyadenosine 5′-monophosphate, 略語は dAMP)

である．以上からわかるように，ヌクレオチドの構成元素は C，H，O，N，P である．

8.4 DNA

8.4.1 リン酸ジエステル結合

DNA は，ヌクレオチドが多数重合したポリヌクレオチドである．図8.11 は，3 個のヌクレオチドが重合してできた短い DNA 分子（トリヌクレオチド）である．このように，ヌクレオチドどうしは，一つのヌクレオチドの 3′ の炭素原子と，DNA 分子中の次のヌクレオチドの 5′ の炭素原子とが，**リン酸ジエステル結合**（ホスホジエステル結合；phosphodiester bond）と呼ばれる結合によって連結される．

細胞のなかでは，DNA は通常は二本鎖として存在するが，それについては第 9 章で学ぶ．

8.4.2 DNA の方向性

DNA 分子の一方の末端には，リン酸ジエステル結合に使用されていない

この節のキーワード
・リン酸ジエステル結合
・5′ 末端
・3′ 末端

■ リン酸エステル
リン酸とアルコール (ROH) が脱水重合したエステルのこと．リン酸の 2 個の水素が有機基で置き換わった構造がリン酸ジエステルである．ジエステルの「ジ」は「2」を意味する．

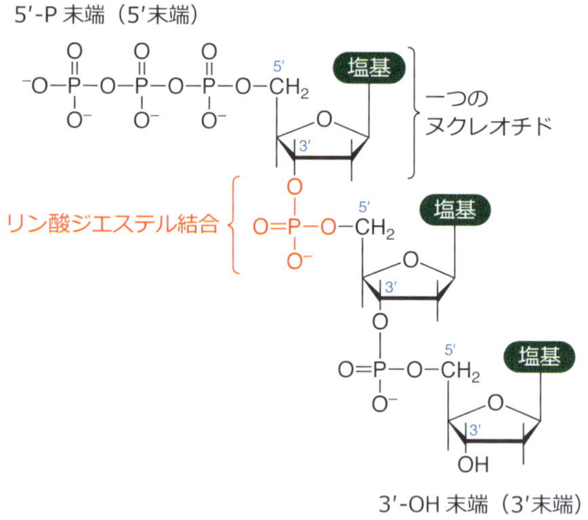

図8.11 3個のヌクレオチドが重合したDNA分子

三リン酸が5′の炭素原子に結合している（図8.11）．よってこちら側の末端を，**5′末端**（5′-terminus）または**5′-P末端**（5′-P terminus）と呼ぶ．またもう一方の末端には，リン酸ジエステル結合に使用されていないヒドロキシ基が3′の炭素原子に結合している．よってこちら側の末端を，**3′末端**（3′-terminus）または**3′-OH末端**（3′-OH terminus）と呼ぶ．このようにDNAには方向性があり，この5′末端と3′末端で示される．DNAの方向性は，遺伝子発現などを理解するうえで重要である．

8.4.3　DNAの合成反応

細胞のなかでは，ヌクレオシド三リン酸が連結されてDNAが合成される．図8.12に示すように，合成中のDNA鎖の3′末端のヌクレオチドの3′の炭素原子のヒドロキシ基と，新たに連結されるヌクレオシド三リン酸の5′の炭素原子のα位のリン酸基とがつながることにより，新たにリン酸ジエステル結合が形成され，ヌクレオチドが1個連結される．その際，新たに連結されたヌクレオチドのβ位とγ位のリン酸基はピロリン酸として放出される．

8.4.4　DNAの情報量

DNA分子のヌクレオチドの配列は，アデニン，グアニン，シトシン，チミンをそれぞれA，G，C，Tと略記して表記される．DNAを構成するヌクレオチドは，塩基の違いによる4種類しか存在しないが，ヌクレオチドが結合する順序に制限はないので，その情報量は指数関数的に増加する．たとえば，3個のヌクレオチドが重合してできた短いDNA分子（トリヌクレオチド）でも，$4^3 = 64$通りもの多様な配列が存在しうる．具体的には

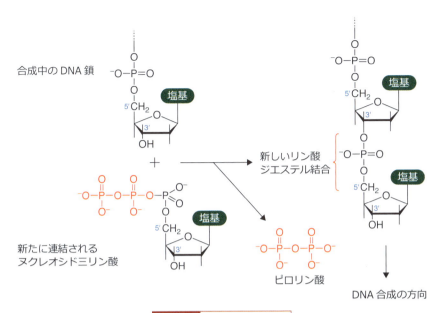

図 8.12 DNA の合成反応

5'-AAA-3'
5'-AAG-3'
5'-AAC-3'
5'-AAT-3'
⋮
5'-TTT-3'

である．すなわち，たった三つのヌクレオチドがつながった DNA 鎖でも，64 種類の情報を伝えることができる．ヒトのゲノム DNA は数十億ものヌクレオチドで構成されているので，莫大な情報を含むことがわかるだろう．

ここで，DNA や RNA の塩基の並び方を**塩基配列**（base sequence）という．2003 年にヒトのゲノム DNA の塩基配列が解読された．

■ 塩基配列の表記
DNA や RNA の塩基配列を表記するときには，通常は 5' 末端が左側に，3' 末端が右側になるように表記する．

8.5 RNA

8.5.1 RNA を構成するヌクレオチド

RNA も DNA 同様，ヌクレオチドが重合してできたポリヌクレオチドである．RNA を構成するヌクレオチドと DNA を構成するヌクレオチドには，二つの相違点がある．

① RNA を構成するヌクレオチドの糖は，2'- デオキシリボースではなく，リボースである（図 8.6）．そのため，RNA を構成するヌクレオチドを**リボヌクレオチド**（ribonucleotide）と呼ぶこともある．

② 塩基としてチミンの代わりに**ウラシル**（uracil）をもつ（図 8.13）．つまり，

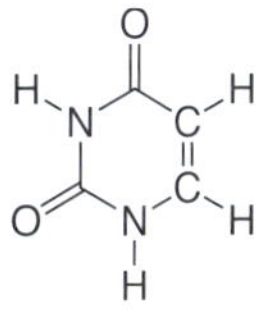

この節のキーワード
・RNA
・リボース
・ウラシル

図 8.13 ウラシルの構造

RNA を構成するヌクレオチドの塩基は，プリンのアデニン(A)とグアニン(G)，ピリミジンのシトシン(C)とウラシル(U)の4種類である．

これらの塩基を含むヌクレオシド 5′-三リン酸の名称は，以下の通りである．

アデノシン 5′-三リン酸(adenosine 5′-triphosphate，略語は ATP)
グアノシン 5′-三リン酸(guanosine 5′-triphosphate，略語は GTP)
シチジン 5′-三リン酸(cytidine 5′-triphosphate，略語は CTP)
ウリジン 5′-三リン酸(uridine 5′-triphosphate，略語は UTP，図 8.14)

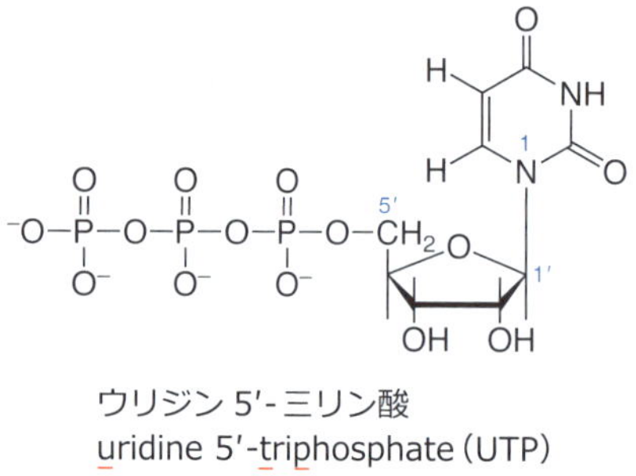

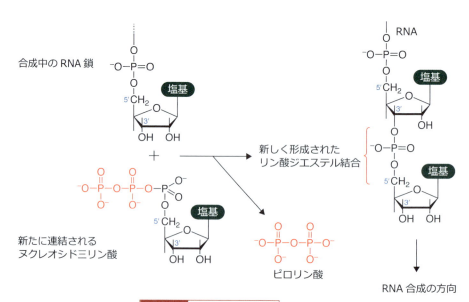

ウリジン 5′-三リン酸
uridine 5′-triphosphate (UTP)

図 8.14 UTP の構造

8.5.1　RNA のリン酸ジエステル結合

RNA 分子内のヌクレオチドも，DNA 分子と同様に，リン酸ジエステル結合で連結されている（図 8.15）．したがって，RNA 分子にも 5′ 末端と 3′ 末端

図 8.15 RNA の合成反応

があり，方向性が存在する．

　細胞のなかでは，RNA 分子は DNA 分子と似た機構で合成される．図 8.15 に示すように，合成中の RNA 鎖の 3′ 末端のヌクレオチドの 3′ の炭素原子のヒドロキシ基と，新たに連結されるヌクレオシド三リン酸の 5′ の炭素原子の α 位のリン酸基とがつながることにより，新たにリン酸ジエステル結合が形成され，ヌクレオチドが 1 個連結される．その際，新たに連結されたヌクレオチドの β 位と γ 位のリン酸基はピロリン酸として放出される（図 8.15）．

　細胞のなかでは，通常，RNA は一本鎖として存在するのが DNA と違う点である．

確認問題

1. 次の用語を説明しなさい．
    (1) 転写
    (2) 翻訳
    (3) セントラルドグマ
    (4) ヌクレオチド
    (5) プリン
    (6) ピリミジン
    (7) 5′ 末端
    (8) 3′ 末端
2. DNA と RNA を構成するヌクレオチドの構造の違いがわかるように図示しなさい．
3. ポリヌクレオチドにおけるヌクレオチドの間の結合について説明しなさい．

Column 遺伝子工学の誕生と発展（1）〜制限酵素の発見〜

　現代では，細胞のゲノムDNAをほぼ自由自在に改変できるまでにDNAを操作する技術は進歩した．このDNAを操作する組換えDNA技術が生まれるきっかけとなったのが，制限酵素の発見とプラスミドベクターの開発である．組換えDNA技術は，その後の急速な進歩・拡大に伴い，遺伝子工学という学問分野として体系づけられた．

　制限酵素（restriction enzyme）は，ファージの細菌への感染実験で見つかった「制限」という現象にかかわるDNA分解酵素である．図8.16のように，ファージを菌株Aに感染させ，得たファージを再び菌株Aに感染させると，大量の子ファージを得ることができるが，菌株Bに感染させると，ほとんど子ファージが得られないという現象が1950年代に観察されていた．これが制限である．

　1968年に，この制限という現象が，細菌のもつDNA分解酵素によって，感染したファージのDNAが分解されるために起きることが示された．さらに1970年には，スミスとウィルコックスがインフルエンザ菌（*Haemophilus influenzae*）から制限酵素*Hind*Ⅱ（論文ではendonuclease Rと表記）を精製

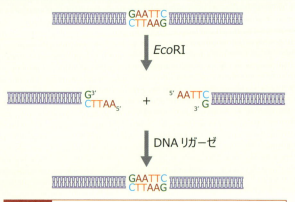

図8.17 制限酵素によるDNAの切断とリガーゼによる連結

し，*Hind*Ⅱが二本鎖DNAの5'-GTYRAC-3'（YはCまたはT，RはAまたはG）という塩基配列を認識し，YとRの間でDNAを切断することを明らかにした．

　その後，さまざまな細菌から制限酵素が精製され，世界中の研究者が制限酵素を自由に使えるようになった．現在，組換えDNA実験で使われている制限酵素の多くは，4〜8塩基の特異的な塩基配列を認識して，DNAを切断する．たとえば大腸菌（*Escherichia coli*）から精製された*Eco*RIは5'-GAATTC-3'という塩基配列を認識し，GとAの間でDNAを切断する（図8.17）．*Eco*RIで切断したDNA断片は5'末端にAATTの突出した配列をもつことになる．AとTとは相補的な関係にあり，水素結合で塩基対を作ることができる（10.1節参照）ので，リガーゼ（ligase）という酵素を用いて，*Eco*RI断片どうしを任意の組合せでつなぎ合わせることができる．また塩基は4種類なので，GAATTCという6塩基の配列が出現する確率は計算上$4^6 = 4096$塩基に1回である．

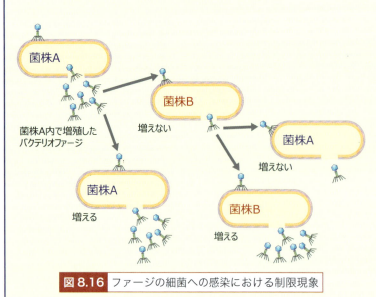

図8.16 ファージの細菌への感染における制限現象

第 9 章

DNA

この章で学ぶこと

遺伝とは，生物の形や性質（形質）が親から子に伝わる現象である．メンデルが遺伝という現象に法則性があることを見出したことにより，親の形質を伝える因子として遺伝子という概念が生まれた．その後，サットンにより染色体に遺伝子が存在する可能性が示された．染色体は主にタンパク質と DNA からなるので，遺伝子の実体はタンパク質か DNA ということになる．当時は DNA が単純な構造体と誤解されていたこともあり，実験的な証明はなかったが，遺伝子の実体はタンパク質であると考えられた．そのような状況のなか，アベリーらが肺炎双球菌の形質転換を引き起こす物質が DNA であることを示し，さらにハーシーとチェイスがバクテリオファージの遺伝子が DNA であることを示し，遺伝子の実体が DNA であることが一般に受け入れられた．本章では，メンデルの研究以降，遺伝子の実体がどのように明らかになってきたかを学ぶ（表 9.1 参照）．

9.1 メンデルの法則

9.1.1 遺伝の法則性

メンデルはエンドウの**形質** (character) の遺伝の仕方を調べた．まず，いろいろな形質をもつエンドウの自家受精を繰り返し，子孫の形質が常に同じになる純系を用意した．この純系のエンドウを用いて，7 対の対立形質（同時に現れることのない形質）の遺伝の仕方を調べ，その結果を 1865 年に発表した（表 9.2）．たとえば，丸型の種子のエンドウとしわ型の種子のエンドウとの交配実験の結果は次のようになった（図 9.1）．

① 丸型の種子としわ型の種子（これらを親世代 P とする）から成長したエンドウを交配させると，そこから得られた種子（雑種第一代 F_1）はすべて丸型であった．

② F_1 の種子から成長したエンドウを交配させたところ，その種子（雑種第二代 F_2）は丸型としわ型の割合が 3：1 であった．

丸型としわ型以外の 6 対の形質についても，F_1 では一方の親の形質のみが

この節のキーワード

・対立形質
・配偶子
・遺伝子

Biography

Gregor Mendel
1822 ～ 1884，オーストリア帝国の司祭．エンドウの交配実験により「メンデルの法則」と呼ばれる遺伝法則を明らかにした．しかし，生存中はこの業績はほとんど評価されず，1900 年に複数の科学者が再発見するまで埋もれたままであった．

■**自家受精**
同一個体由来の精子と卵子（植物では雄しべと雌しべ）の間で受精が起きること．

表9.1 メンデルの遺伝の法則の発見からハーシーとチェイスのブレンダー実験まで

1865年	エンドウの交配実験で遺伝の法則が発見される(メンデル)
1869年	膿からDNAが分離される(ミーシャー)
1900年	遺伝の法則が再発見される(フリース, コレンス, チェルマク)
1902年	「遺伝子は染色体上に存在する」という遺伝の染色体説が提唱される(サットン)
1928年	肺炎双球菌の形質転換に成功する(グリフィス)
1944年	形質転換物質がDNAであることを発見する(アベリー, マクロード, マッカーシー)
1952年	ファージの遺伝物質がDNAであることを証明する(ブレンダー実験)(ハーシー, チェイス)

表9.2 メンデルが行ったエンドウの交配実験の結果
えき生は葉のつけ根に, 頂生は茎の頂点に花がつくこと.

形質		種子の形	種皮の色	子葉の色	さやの形	さやの色	花のつき方	茎の高さ
Pの形質	劣性	しわ	無色	緑	くびれ	黄	頂生	低い
	優性	丸	有色	黄	ふくれ	緑	えき生	高い
F_1の形質		丸	有色	黄	ふくれ	緑	えき生	高い
F_2の形質	劣性	1850	2001	224	299	152	207	277
	優性	5474	6022	705	882	428	651	787
F_2の分離比 (劣性:優性)		1:2.96	1:3.01	1:3.15	1:2.95	1:2.82	1:3.14	1:2.84

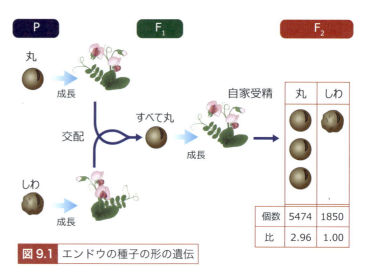

図9.1 エンドウの種子の形の遺伝

出現し，F_2 ではそれぞれの親の形質が3：1の割合で出現した（表9.2）．メンデルの時代には，親の卵子と精子に含まれる液体のようなものが混ざり合って，親の特徴が子に引き継がれると考えられていた（融合説；blending theory）．しかしメンデルの交配実験では，丸型としわ型の中間型は出現しなかった．この交配実験の結果から，メンデルは親の形質を伝える粒子状の因子（のちに遺伝子と名づけられる）が存在すると考えた（粒子説；particulate theory）．

9.1.2 形質の遺伝の仕組み

メンデルは形質を伝える遺伝的な因子の存在を仮定し，交配実験の結果から次のように考えた．

① 丸型としわ型の種子のエンドウの交配実験で，F_2 でしわ型が出現することから，丸型の F_1 もしわ型の因子を受け継いでいる．
② ①を仮定すると，丸型としわ型の因子をもつ F_1 は必ず丸型になることから，丸型はしわ型に対して優性で，逆にしわ型は丸型に対して劣性である．

このように考えると，種子の丸型としわ型の遺伝の仕組みはつぎのように説明することができた（図9.2）．

① 丸型の親（P）は丸型の遺伝的な因子（R）を二つ（一対），しわ型の親（P）はしわ型の遺伝的な因子（r）を二つ（一対）もっている．すなわち丸型は RR，しわ型は rr の因子をもつ．配偶子が形成されるときに一対の遺伝的な因子は別々の配偶子に分配される．すなわち丸型由来の配偶子は R の，しわ型由来の配偶子は r の因子をもつ．これらの配偶子が受精して生まれる F_1 は丸型としわ型の遺伝的な因子を一つずつもつ（Rr の因子をもつ）が，丸型はしわ型に対して優性なので，丸型になる．

■ **配偶子**
卵子や精子のように，接合（受精）すると新しい個体が誕生するものを配偶子と呼ぶ．

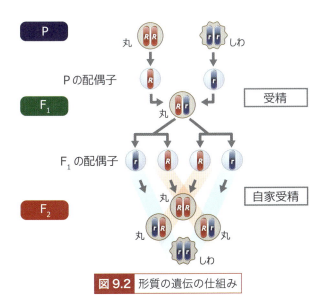

図9.2 形質の遺伝の仕組み

② F_1 は丸型の遺伝的な因子としわ型の遺伝的な因子を一つずつもつ (Rr) ので，F_1 の配偶子には丸型の遺伝的な因子をもつもの (R) としわ型の遺伝的な因子をもつもの (r) が 1：1 で存在することになる．そのため F_1 どうしの受精で生まれる F_2 には，丸型の遺伝的な因子を二つもつもの (RR)，丸型としわ型の遺伝的な因子を一つずつもつもの (Rr)，しわ型の遺伝的な因子を二つもつもの (rr) が 1：2：1 の割合で生じる．RR と Rr は丸型に，rr はしわ型になるので，F_2 における丸型としわ型の割合は 3：1 になる．

このように，メンデルはエンドウの交配実験の結果に基づいて，形質の発現を制御する遺伝的な因子が親から子に伝えられることにより，遺伝という現象が起きると説明した．

メンデルの研究の重要性は，メンデルが論文を発表した 1865 年には認識されることはなかった．1900 年にフリース，コレンス，チェルマクが独立にメンデルの遺伝の法則を再発見したことにより，やっと認知された（表 9.1）．1909 年にヨハンセンによって，メンデルが想定した遺伝的な因子を**遺伝子** (gene) と呼ぶことが提案された．

9.2 サットンの遺伝の染色体説

染色体 (chromosome) は，動植物細胞の細胞分裂の際に観察される，塩基性色素で濃く染まる棒状の構造体である．通常，1 個の体細胞には大きさと形が同じ染色体が 2 本ずつあり，この対になる染色体を相同染色体と呼ぶ．

19 世紀末頃までには細胞分裂と染色体の関係に関する理解が進んでおり，配偶子を形成するための減数分裂も動物と植物で発見されていた．またヴァ

Biography
Wilhelm Johannsen
1857〜1927．デンマークの植物学者．純系の集団ではダーウィンの選択説が成立しなくなるという「純系説」を提唱し，進化論に異を唱えた．

この節のキーワード
・染色体
・相同染色体
・減数分裂
・配偶子

■体細胞と生殖細胞
生物を構成する細胞には，体細胞と生殖細胞の 2 種類がある．卵子や精子，およびそれらの元になる細胞が生殖細胞である．生殖細胞以外は体細胞であり，脳，心臓や肝臓などの内臓，筋肉，骨，皮膚などを構成する細胞が体細胞である．

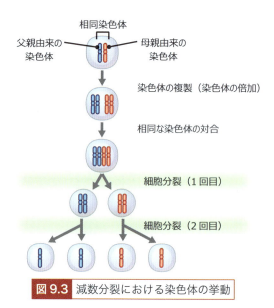

図 9.3 減数分裂における染色体の挙動

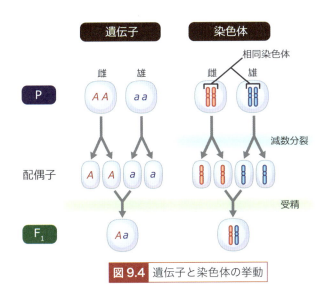

図 9.4 遺伝子と染色体の挙動

イスマンにより「多細胞生物では，遺伝は生殖細胞によってのみ引き起こされ，体細胞は関係ない」という**生殖質説**（germ-plasm theory）が提唱されていた．動物も植物も1個の受精卵から出発して個体になるので，両親から受け継いだ遺伝子は配偶子（動物の場合は卵子と精子）によって伝達されると考えられた．

サットンは，バッタの精母細胞（精子形成過程で認められる生殖細胞の一つ）を用いて，精母細胞から減数分裂により配偶子（精子）が形成されるときの染色体の挙動を観察した（図 9.3）．

① 減数分裂前の生殖細胞には，相同な染色体が一対ずつ存在する．一方が母親に，他方が父親に由来すると考えられる．
② 減数分裂では，一対の染色体は1本ずつ異なる配偶子に分配される．

メンデルは対をなす遺伝子が配偶子形成のときに別々の配偶子に入ると考えたが，サットンが観察した減数分裂における染色体の挙動は，メンデルが仮想した遺伝子の動きとまさに一致していた（図 9.4）．したがって，形質の決定にかかわる一対の遺伝子が相同染色体にそれぞれ含まれていると考えれば，メンデルの遺伝の法則の仕組みを説明できた．サットンは「遺伝子は染色体に存在する」という染色体説を 1902 年に提唱した．

> **Biography**
> **August Weismann**
> 1834～1914，フランクフルト出身のドイツの動物学者．遺伝は生殖細胞によってのみ生じるという生殖質説を唱えた．生殖細胞は体細胞とは異なる特殊な細胞であることを見抜いた研究者といえるだろう．

> **Biography**
> **Walter Sutton**
> 1877～1916，アメリカの遺伝学者，医師．バッタの生殖細胞を使った実験により，遺伝子の実体が染色体であることを示した．この当時は，まだ大学院生であった．その後に医師となり，第一次世界大戦に従軍．39 歳で早世した．

9.3 肺炎双球菌の形質転換実験

サットンの染色体説により，遺伝子は染色体にあると考えられるようになった．染色体の主成分はタンパク質と DNA であることがわかっていたので，次は，遺伝子の本体はタンパク質なのか DNA なのかという疑問が生まれた．遺伝子の化学的性質はわかっていなかったが，多くの研究者が遺伝子はタンパク質であると考えた．タンパク質は 20 種類のアミノ酸が鎖状につながった高分

> **この節のキーワード**
> ・肺炎双球菌
> ・形質転換
> ・R 型菌
> ・S 型菌
> ・病原性
> ・形質転換物質

図9.5 1930年代のDNAとタンパク質に関する知識

子化合物で(図9.5 a,第6章参照),多様な配列を取りうることがすでにわかっていた.一方,DNAはA,G,C,Tの塩基をもつ4種類のヌクレオチドをほぼ同数含み,図9.5 (b)のような直鎖状または環状の単純な構造の物質と考えられていた.そのためDNAでは,多様な形質の発現を制御するという遺伝子の特性を満たすことができないと考えられた.

このような状況で,肺炎双球菌(*Streptococcus pneumoniae*)の**形質転換**(transformation)について解析し,遺伝子がDNAであることを示したのがアベリーらのグループである.また,アベリーらに先だって肺炎双球菌の形質転換を最初に行ったのがグリフィスである.

9.3.1 グリフィスの肺炎双球菌の形質転換実験

肺炎双球菌には菌体表面に多糖からなる莢膜をもつものともたないものがある.細菌を寒天培地上で培養すると,細菌が分裂増殖を繰り返し,細菌の集団(コロニー)が形成される.莢膜をもつ肺炎双球菌は,滑らかで光沢のあるコロニーを形成するのでS型菌(smoothのS)と呼ばれる.一方,莢膜をもたない肺炎双球菌は,ザラザラした外見のコロニーを形成するのでR型菌(roughのR)と呼ばれる.S型菌は病原性であるが,R型菌は非病原性である.

グリフィスはR型とS型の肺炎双球菌を用いて,次のような実験を行った(図9.6).

① マウスに非病原性のR型菌を注射したら,マウスは発病しなかった.
② マウスに病原性のS型菌を注射したら,マウスは肺炎を発病し死亡した.
③ S型菌を加熱処理してからマウスに注射したところ,マウスは発病しなかった.マウスからは肺炎双球菌の生菌は検出されなかった.
④ S型菌を加熱処理してから,生きているR型菌と混ぜてマウスに注射したら,マウスは肺炎を発病し死亡した.マウスからはS型菌の生菌が検出された.

Biography
Oswald Avery
1877〜1955,アメリカの医師.ニューヨークのコロンビア大学で医学を学んだ.分子生物学の創始者の一人ともいえる研究者.

Biography
Frederick Griffith
1879〜1941,イギリスの医師.9.3.1項に示したグリフィスの実験により,遺伝が化学的な現象であることが示された.ここに分子遺伝学が始まったといえるだろう.

■莢膜
一部の細菌で見られる,細胞壁の外側に存在する,菌体が分泌した多糖類などの高分子からなる均一な厚さの層状の部分.莢膜をもつ肺炎双球菌は,宿主の免疫機構による排除(白血球による食作用)に抵抗性を示し,それが病原性の原因になっている.

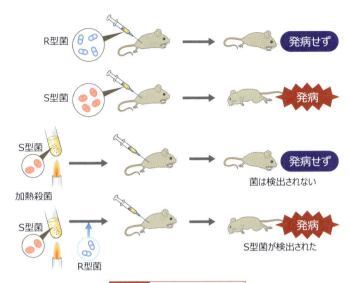

図 9.6 グリフィスの実験

③の実験結果から，S型菌は病原性であるが，加熱すれば殺菌されて，もはや病気を引き起こせないことがわかる．そうすると，④の実験でマウスから検出されたS型菌の生菌は，R型菌から生じたことになる．つまり，非病原性のR型菌が病原性のS型菌に変化したと考えられ，この現象を形質転換と呼んだ．①の実験結果から，R型菌を注射しただけではS型菌は生じない．したがってこれらの実験結果から，生きているR型菌が加熱殺菌されたS型菌の何らかの成分（形質転換物質）を取り込むことによって，R型からS型への形質転換を起こしたと考えられた．形質転換によって生じたS型菌は，培養を続けても，莢膜を作るというS型菌の形質を恒久的に保持したことから，形質転換物質は遺伝物質だと考えられた．

9.3.2 アベリーらによる形質転換物質の同定

肺炎双球菌の形質転換物質を同定したのが，アベリー，マクロード，マッカーシーであった．アベリーらは，加熱殺菌した菌肺炎双球菌のS型菌から抽出液を調製した．この抽出液を生きているR型菌と混ぜ，寒天培地にまいて培養したところ，得られたコロニーの外見から，形質転換によりS型菌が出現していることが明らかになった（図9.7）．

そこで，抽出液に含まれる形質転換物質の化学的性質を調べるため，抽出液を特異的な分解酵素で処理してから，生きているR型菌と混ぜて培養し，形質転換が起きるか調べた（図9.7）．

① 抽出液をタンパク質分解酵素で処理した場合にはS型菌が出現し，形質転換が起きた．
② 抽出液をDNA分解酵素で処理した場合にはS型菌は出現せず，形質転

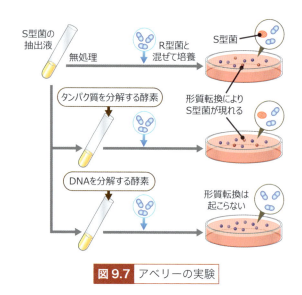

図9.7 アベリーの実験

換は起こらなかった．

これらの結果から，形質転換物質，つまり遺伝物質はDNAであると考えられた．しかし，タンパク質分解酵素で分解しきれなかったタンパク質によって形質転換が起こったのではないかなどの疑義もあり，アベリーらの主張が満場一致で受け入れられることはなかった．

9.4 ハーシーとチェイスのバクテリオファージの実験

ハーシーとチェイスによってバクテリオファージの遺伝子がDNAであることが証明され，初めて遺伝子の実体がDNAであることが一般に受け入れられた．

9.4.1 バクテリオファージ

バクテリオファージ（またはファージ）は細菌（バクテリア）を宿主とするウイルスである．ウイルスとは，宿主細胞内でのみ増殖することができる感染性の構造体である．

ハーシーとチェイスが実験に用いたT2ファージは，タンパク質とDNAからなる構造体である（図9.8）．外殻はタンパク質からなり，DNAは頭部に格納されている．

現在では，ファージの増殖過程が明らかになっている（図9.9）．ハーシーとチェイスの実験以前には，ファージの生活環に関して次のことがわかっていた．

① 大腸菌にファージを感染させると，ファージが大腸菌の表面に吸着している様子が電子顕微鏡で観察される．

この節のキーワード

・バクテリオファージ
・放射性同位体
・ブレンダー実験

Biography
Alfred Hershey
1908～1997．アメリカのミシガン州生まれの微生物・遺伝学者．本文に示したハーシーとチェイスの実験は，コールド・スプリング・ハーバー研究所で行われた．1969年にノーベル生理学・医学賞を受賞．

Biography
Martha Chase
1927～2003．アメリカのオハイオ州生まれの遺伝学者．同州のウースター大学出身．

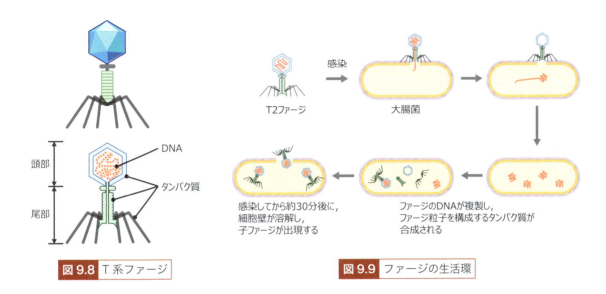

図9.8 T系ファージ

図9.9 ファージの生活環

② 感染してから約30分後に，大腸菌の細胞壁が溶けて，菌体内から多数の子ファージが出現する．

これらの観察から，感染時にファージの遺伝子が菌体内に入り，それにより子ファージが生じると考えられた．したがって，菌体内に入るファージの成分を明らかにすれば，遺伝物質の実体がわかると考えられた．

9.4.2 放射性同位体を用いた標識

ハーシーとチェイスは，感染後のファージのタンパク質とDNAの挙動を調べるため，タンパク質とDNAを異なる放射性同位体で標識した．タンパク質の構成元素はC，H，O，N，Sで，DNAの構成元素はC，H，O，N，Pである．そこで，ハーシーとチェイスはファージのタンパク質を ^{35}S で，DNA を ^{32}P で標識した．ファージは単独では増殖することはできない．培地にリン源として ^{32}P を，あるいは硫黄源として ^{35}S を加えて大腸菌を培養すると，大腸菌はDNA合成に ^{32}P を，タンパク質合成に ^{35}S を利用するしかない．このようにして培養した大腸菌にファージを感染させれば，大腸菌体内で増殖したファージのDNAとタンパク質もそれぞれ ^{32}P と ^{35}S を取り込み，放射性同位体で標識される．DNAやタンパク質が微量であっても，放射線の検出感度はきわめて高いので，放射線を検出してDNAやタンパク質の存在や量を知ることができる．

9.4.3 DNAが菌体内に注入されることの証明

最初に，ハーシーとチェイスは，大腸菌への感染後にファージのDNAが菌体内に注入されるかを調べるために，^{32}P でDNAを標識したファージを用いて次の実験を行った．

■ **標識**
タンパク質や核酸の挙動などを調べるために，検出や分離が容易になるように，目的の物質に放射性同位体を取り込ませたり，蛍光色素を付加すること．

■ **放射性同位体**
同じ元素（つまり陽子の数は同じ）で，中性子の数が異なる原子を同位体と呼ぶ．同位体には安定なものと不安定なものがあり，不安定な同位体は放射線を発して崩壊する．このような同位体が放射性同位体である．リン（P）の場合，^{31}P は安定同位体で，^{32}P は放射性同位体である．硫黄（S）の場合，^{32}S は安定同位体で，^{35}S は放射性同位体である．

① ファージ溶液にDNA分解酵素を加えたが，ファージのDNAは分解されなかった．
② 大腸菌とファージを混ぜ，37 ℃で5分間放置して，大腸菌にファージを感染させた．5分という時間は，ファージの大腸菌への吸着には十分であるが，感染した大腸菌でファージが増殖するには短すぎる(図9.9)．この時点でDNA分解酵素を反応させたが，ファージのDNAは分解されなかった．
③ <u>80 ℃で10分間加熱処理を行った大腸菌</u>とファージを混ぜ，37 ℃で5分間放置して，大腸菌にファージを感染させてからDNA分解酵素を反応させたところ，ファージのDNAは分解された．

①の実験結果から，ファージの頭部に格納されたファージのDNA（図9.8）はDNA分解酵素から保護される(分解されない)ことがわかる．

②の実験からは，ファージのDNAがそのまま頭部に格納されているか，あるいは菌体内に注入されているかは不明であるが，この時点でもファージDNAはDNA分解酵素から保護されていることがわかる．

③の実験では，加熱処理により大腸菌の細胞壁に穴が空いている．もし大腸菌への感染後もファージのDNAが頭部に格納されていれば，①の実験結果から，ファージのDNAはDNA分解酵素から保護されるはずである．しかし③の実験でファージのDNAが分解されたことから，大腸菌への感染後にファージのDNAは菌体内に注入され，細胞壁の穴から侵入したDNA分解酵素により分解されたと考えられた．

9.4.4　ハーシーとチェイスのブレンダー実験

ファージを大腸菌に感染させると，約30分後に菌体内から子ファージが出現するので，感染直後にファージの遺伝子が菌体内に注入されると考えられる(図9.9)．9.4.3項の実験結果から，ファージのDNAが感染直後に菌体内に注入されることが明らかになった．一方，電子顕微鏡による観察から，ファージの外殻は感染後も大腸菌の表面に吸着したままであると思われた．

そこでハーシーとチェイスは，次の実験を行った．タンパク質あるいはDNAを放射性同位体で標識したファージを，非放射性の培養液で培養した大腸菌と混ぜ，ファージを大腸菌に吸着させてから，ワーリングブレンダーという装置で激しく撹拌した（図9.10）．ブレンダー処理を行っても，ファージが感染した大腸菌の生存率にはほとんど影響はなかった（図9.11）．一定時間のブレンダー処理後に，遠心分離を行った．この遠心分離では，大腸菌は沈殿するが，ファージ粒子は沈殿せず，上清に回収される．遠心分離後の上清に存在する放射性同位体を測定した結果が次である(図9.11)．

① 感染させたファージの^{35}Sは，ブレンダー処理を行わなければ上清から

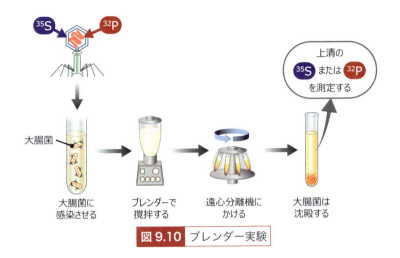

図 9.10 ブレンダー実験

5％程度しか検出されないが，ブレンダー処理を行うと 75～80％が検出された．

② 感染させたファージの ^{32}P は，ブレンダー処理を行わなければ上清から 15％程度検出されたが，ブレンダー処理を行っても 20～35％にしか増加しなかった．

①の実験結果から，ブレンダー処理によりファージのタンパク質（^{35}S）の大部分が大腸菌から取り除かれることがわかった．つまり，ファージが大腸菌に吸着した後も，ファージのタンパク質（外殻）は大腸菌の表面にとどまったままで，菌体内には入らないと考えられた．一方，②の実験から，ファージの DNA（^{32}P）は大部分が大腸菌とともに沈殿していることがわかる．9.4.3 項の実験結果同様，このブレンダー実験でも，菌体内に入るファージの成分がDNA であることが示された．

さらに子ファージからは，感染させたファージの ^{32}P の 30％が検出されたが，

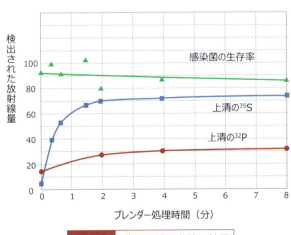

図 9.11 ブレンダー実験の結果

^{35}S は 1% 以下しか検出されなかった．つまり，感染したファージの DNA だけが子孫ファージに受け継がれ，タンパク質は受け継がれていないことがわかった．したがって，子孫ファージの産生にはファージの DNA だけで十分であることが明らかになった．

このように，ハーシーとチェイスがバクテリオファージの遺伝子が DNA であることを証明したことにより，遺伝子の実体が DNA であることが，広く受け入れられるようになった．

確認問題

1. 次の用語を説明しなさい．
   (1) 対立形質
   (2) 配偶子
   (3) 相同染色体
   (4) 形質転換
   (5) 放射性同位体
   (6) バクテリオファージ
2. グリフィスの実験で形質転換物質の存在が明らかになったが，形質転換物質が DNA であることは，その後どのようにして証明されたか．
3. ハーシーとチェイスがファージのタンパク質と DNA の挙動を調べるために，タンパク質と DNA の標識に用いた放射性同位体は何か．
4. ハーシーとチェイスは，ファージの大腸菌への感染後に，ファージの DNA が菌体内に注入されることをどのようにして証明したか．

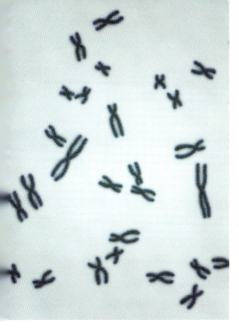

第 10 章

DNAの構造と複製様式

この章で学ぶこと

遺伝子の働きを考えると，遺伝物質は少なくとも次の二つの条件を満たさなければならない．

- 形質の発現を制御する（遺伝子の働きで形質が決定される）
- 自己複製する（自分と同じコピーを正確に作ることができる）

遺伝子の実体が DNA であることがわかると（第 9 章参照），今度は DNA がどのような構造をしており，それが上記の二つの機能とどのようにかかわっているかに関心が集まった．ハーシーとチェイスの実験の翌年の 1953 年に，DNA が二重らせん構造であることをワトソンとクリックが明らかにした．また，遺伝子の二つ目の特性である自己複製については，5 年後の 1958 年に，メセルソンとスタールが大腸菌のゲノム DNA の複製を解析し，複製様式が半保存的であることを示した．本章では，彼らがどのようにして DNA の二重らせん構造を明らかにし，DNA の複製様式を解明したかを学ぶ．

10.1 DNAの構造

10.1.1 DNAの構造の解析の歴史

DNA は，1869 年にミーシャーによって発見された（8.2 節参照）．ミーシャーは膿のなかの白血球やサケの精子の核にリン酸を含む新しい化合物を発見し，ヌクレインと名づけた（表 10.1）．1889 年にアルトマンがヌクレインからタ

この節のキーワード

- 塩基存在比
- GC 含量
- X 線結晶回折
- 二重らせん
- 塩基対
- 水素結合
- 相補的

Biography
Richard Altmann
1852～1900，ドイツの医師，病理学者．ライプチヒで研究を行った．核酸を単離しただけでなく，さまざまな固定法を開発したことでも知られる．

表 10.1 核酸の構造の解析の歴史

年	内容
1869 年	ミーシャーが膿から DNA を分離し，1871 年にヌクレインという名で発表
1889 年	アルトマンがヌクレインから非タンパク質成分を単離し，核酸と命名
1885 年	コッセルが酵母の核酸からアデニンを分離 86 年にグアニン，93 年にチミン，94 年にシトシンも発見
1900 年	コッセルの協力者アスコリが酵母からウラシルを分離
1909 年	レヴィーンがリボースを構成糖とする核酸（RNA）を発見
1929 年	レヴィーンが DNA の構成糖はデオキシリボースで，核酸に DNA と RNA の 2 種類があることを発見

Biography
Albrecht Kossel
1853～1927．ドイツの医師．核酸やタンパク質の化学組成を解き明かした．生理化学という分野の先駆者といえる存在．1910年，ノーベル生理学・医学賞を受賞．

Biography
Phoebus A. T. Levene
1869～1940．アメリカの医師，生化学者．当時はロシア帝国の一部だったリトアニアに生まれ，1891年に一家でアメリカへ移住した．ロックフェラー大学の前身であるロックフェラー医学研究センターの生化学の初代教授．

Biography
James Watson
1928～．アメリカのイリノイ州生まれの分子生物学者．クリック，ウィルキンスとともに，1962年にノーベル生理学・医学賞を受賞した．要職を歴任し，分子生物学の発展におおいに貢献したが，2007年の問題発言で名声を失った（クリックは8.1節で紹介した）．

Biography
Erwin Chargaff
1905～2002．オーストリア出身の生化学者．1935年にアメリカに移住し，コロンビア大学で職を得た．ペーパークロマトグラフィーを駆使してシャルガフの経験則を導き出した．

ンパク質を取り除き，これを**核酸**（nucleic acid）と命名した．1885から1894年にかけて，コッセルがヌクレインの非タンパク質成分（つまり核酸成分）の構成成分について解析し，アデニン，グアニン，チミン，シトシンの4種類の塩基を発見した．

1929年にはレヴィーンがDNAに含まれる糖が2′-デオキシリボースであることを発見した．さらにレヴィーンらは，核酸の構成単位が塩基−糖−リン酸が結合した化合物であることを明らかにし，この構成単位をヌクレオチドと命名した（8.3節参照）．しかし，初期のDNAの抽出法ではDNAが短い断片に壊れてしまっていたこと，また塩基組成を分析する方法が確立しておらず，アデニン，グアニン，チミン，シトシンの4種類の塩基が同数存在すると考えられていたことなどから，DNAは4種類のヌクレオチドが結合したテトラヌクレオチド（tetranucleotide，テトラは「4」を意味する接頭辞）構造をしていると誤解されていた（図9.5参照）．

1930年代の中頃になって，シンナー，カスペルソーン，ハンマーステンにより，温和な条件で抽出したDNAが長大な高分子であることが明らかにされた．その後，電子顕微鏡により，DNAが長い鎖状構造であることも示された．そして1953年にワトソンとクリックによって，DNAの構造がついに明らかにされた．1950年頃までにDNAに関して，次のことがわかっていた．

① DNAは長い鎖分子で，その骨格は糖とリン酸基が相互に規則的に結合することでできている．
② 鎖の構成単位は，リン酸，糖，塩基からなるヌクレオチドである．
③ ヌクレオチドに含まれる塩基は4種類である．

これらの事実に加えて，ワトソンとクリックがDNAの構造を解明するために重要な役割を果たしたのが，シャルガフによる塩基存在比の発見と，フランクリンが撮影したDNAのX線結晶回折像であった．

10.1.2 シャルガフの塩基存在比の発見

シャルガフは，ペーパークロマトグラフィーという手法を用いて，さまざまな生物の種々の組織のDNAに含まれる塩基の量を正確に決定し，次の二つの重要な結果を得た．

① 生物種によってDNAの塩基組成は異なっており，4種類の塩基の含有量も等しくはない（表10.2, 10.3）．
② どの生物種のDNAでも，アデニン（A）とチミン（T）の分子数は等しく（A = T），グアニン（G）とシトシン（C）の分子数も等しい（G = C）（表10.2）．これをシャルガフの経験則と呼ぶ．

表10.3のGC含量（GC content）は，次式で計算される．

表10.2 さまざまなDNAの塩基組成の比較

	A	G	C	T	A/T	G/C
ヒト	30.3	19.5	19.9	30.3	1.00	0.98
ウシ	28.8	21.0	21.1	29.0	0.99	1.00
ラット	28.6	21.4	20.4	28.4	1.01	1.05
ニワトリ	28.8	20.5	21.5	29.2	0.99	0.95
カメ	28.7	22.0	21.3	27.9	1.03	1.03
バッタ	29.3	20.5	20.9	29.3	1.00	0.98
コムギ	27.3	22.7	22.8	27.1	1.01	1.00
酵母	31.3	18.7	17.1	32.9	0.95	1.09
大腸菌	26.0	24.9	25.2	23.9	1.09	0.99
結核菌	15.1	34.9	35.4	14.6	1.03	0.99
天然痘ウイルス	29.5	20.6	20.0	29.9	0.99	1.03
ファージT5	30.3	19.5	19.5	30.8	0.98	1.00

THE NUCLEIC ACIDS, "Chemistry and Biology, Volume I," Academic Press (1955)より改変.

表10.3 さまざまなDNAのGC含量の比較

	GC含量(%)
ヒト	39.4
ウシ	42.1
コムギ	45.5
大腸菌	50.1
結核菌	70.3

THE NUCLEIC ACIDS, "Chemistry and Biology, Volume I," Academic Press (1955)より改変.

$$\frac{G+C}{A+T+G+C} \times 100$$

①の結果により，テトラヌクレオチド説の成立条件であった「4種類の塩基の分子数が等しい」ことが事実ではないことが明らかになり，テトラヌクレオチド説は完全に否定された．シャルガフは②のA＝T，G＝Cの意味を明らかにできなかったが，ワトソンとクリックがDNAの二重らせん構造モデルを考案し，これを解明した．

10.1.3 DNAのX線結晶回折像

ウイルキンスの研究室のフランクリンは結晶化したDNAにX線を照射して，X線回折像を撮影し，DNAの分子構造を解析していた（図10.1）．X線回折像の解析から，DNAは2本か3本のポリヌクレオチド鎖からなるらせん構造で，プリンおよびピリミジン塩基が0.34 nmの間隔でらせん軸に垂直に規

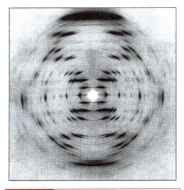

図10.1 DNAのX線結晶回折像

Biography
Maurice Wilkins
1916～2004，イギリスの生物物理学者．ニュージーランドに生まれ，1922年にイギリスへ移住した．X線結晶構造解析の分野で多くの業績を残した．2004年に死去するまで，キングズカレッジ・ロンドンで教授を務めた．

Biography
Rosalind Franklin
1920～1958，イギリスの物理化学者．ケンブリッジ大学を卒業し，ウィルキンスのもとでX線結晶学を研究．ワトソンとクリックの業績にはフランクリンの撮ったX線像が大きな役割を果たしたが，その経緯は後に大きな問題となった．

則正しく積み重なっていると考えられた．

10.1.4 DNAの二重らせん構造

ワトソンとクリックは，シャルガフの発見した塩基存在比，およびフランクリンのX線回折像を含め，それまでに明らかになったDNAに関する知見を満たす，DNAの分子模型を組み立てた．ワトソンとクリックが提唱したDNAの二重らせん構造モデル（図10.2）は，次の特徴を備えている．

① 2本のポリヌクレオチド鎖からなる二重らせんである．
② 塩基はらせんの内部に詰め込まれている．つまり，ポリヌクレオチド鎖の糖－リン酸の骨格が外側にあり，塩基はらせんの内側にある．
③ 2本のポリヌクレオチド鎖の塩基は，AとT，GとCが塩基対を作り，水素結合（4.1節参照）で結ばれている（図10.3）．
④ らせんはらせん軸に沿って3.4 nm進むごとに1回転し，その間には10個の塩基対があるので，塩基対の間隔は0.34 nmになる．
⑤ 二重らせんの2本のポリヌクレオチド鎖は逆平行である．
⑥ 二重らせんには二つの異なる大きさの溝（大きい溝；major grooveと小さい溝；minor groove）がある．
⑦ 二重らせんは右巻きである

③にあるように，ワトソンとクリックは2本のポリヌクレオチド鎖の間で，AとTが2本の水素結合により，GとCが3本の水素結合により塩基対を作ると考えた（図10.3）．これにより，シャルガフが発見したA＝T，G＝Cの

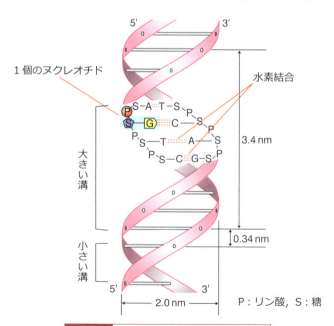

図10.2 DNAの二重らせん構造モデル

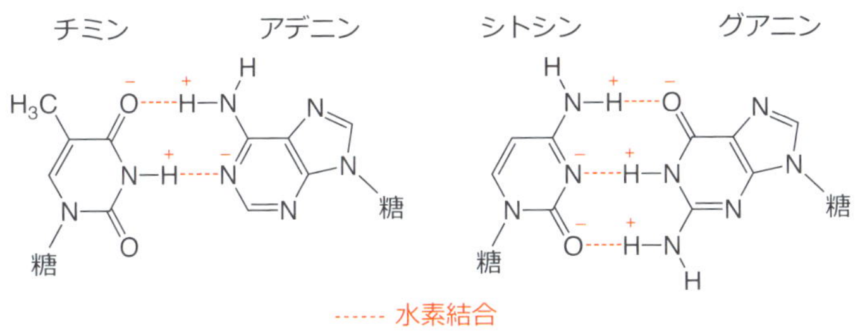

チミン　　アデニン　　　シトシン　　グアニン

------ 水素結合

図 10.3 水素結合による塩基対の形成

塩基存在比をうまく説明することができた．水素結合で塩基対を作れるAとTの関係およびGとCの関係を**相補的**(complementary)と呼ぶ．また，このように2個の環をもつプリン（A，G）と1個の環をもつピリミジン（T，C）との間で塩基対を作るので，らせんの直径は一定になる．

④の 3.4 nm と 0.34 nm の二つの周期性は，フランクリンのX線回折像で得られた周期性と完全に一致していた．⑥にあるように，2本のポリヌクレオチド鎖の方向が，逆向きであることがわかった．つまり，それぞれのポリヌクレオチド鎖の $5' \to 3'$ の向きは逆になっている．

このようにして，ついにDNAの構造が明らかになった．

10.2　DNA 複製の様式

10.2.1　DNA の複製

細胞は細胞分裂により二つの細胞になることにより増殖する（図 10.4）．このとき，元の細胞を母細胞（parental cell），新たに生じた二つの細胞を娘細胞（daughter cell）と呼ぶ．細胞分裂の際には，まず母細胞のなかで，細胞がもつ DNA がコピーされ，DNA が倍加する．この過程が DNA の複製である．複製の詳細な機構については第 11 章で説明する．その後，細胞が分裂すると

この節のキーワード

・半保存的複製
・保存的複製
・分散的複製
・窒素の標準同位体（^{14}N）と重い同位体（^{15}N）
・塩化セシウムの平衡密度勾配遠心法

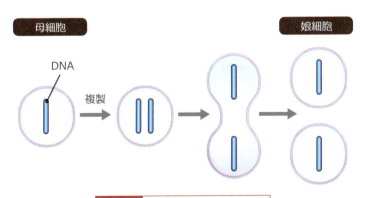

図 10.4 細胞分裂と DNA の複製

きに，倍加した DNA が 1 コピーずつ娘細胞に分配される．

DNA が遺伝物質として機能するためには，母細胞と二つの娘細胞がもつ DNA は等価，つまり DNA の塩基配列が完全に同じでなければならない．細胞はどのような機構で正確に DNA を複製しているのだろうか．

10.2.2 考えられる三つの複製様式

DNA は 2 本のポリヌクレオチド鎖からなる．図 10.5 のように，母細胞のもつ二本鎖 DNA を親分子，親分子を構成する 2 本のポリヌクレオチド鎖を親鎖，娘細胞のもつ二本鎖 DNA を娘分子，娘分子を構成する 2 本のポリヌクレオチド鎖を娘鎖とする．複製様式として「保存的複製」，「半保存的複製」，「分散的複製」の 3 通りが考えられる．

① **保存的複製**(conservative replication)では，娘分子の一方が 2 本の親鎖からなり，もう一方が新たに合成された 2 本のポリヌクレオチド鎖からなる．つまり，親分子はそのまま残る．
② **半保存的複製**(semiconservative replication)では，二つの娘分子とも，一方のポリヌクレオチド鎖が親鎖で，もう一方のポリヌクレオチド鎖が新たに合成されたポリヌクレオチド鎖である．
③ **分散的複製** (dispersive replication)では，どの娘鎖も一部は親鎖からなり，その他の部分は新たに合成されたポリヌクレオチド鎖からなる．

DNA は二重らせん構造をとっていて，2 本のポリヌクレオチド鎖の相補的な塩基の間で水素結合により塩基対を形成している．したがって，図 10.6 のように，親分子の 2 本の親鎖が解離し，それぞれの親鎖が鋳型となって親鎖と相補的な塩基配列のポリヌクレオチド鎖(娘鎖)を新たに合成すれば，親分子と塩基配列が完全に同一の娘分子を正確に合成できる．このように，DNA は

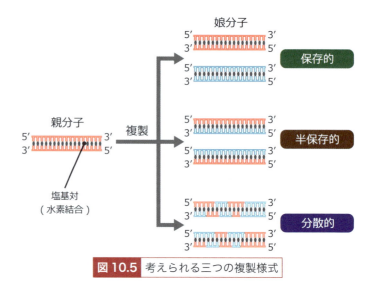

図 10.5 考えられる三つの複製様式

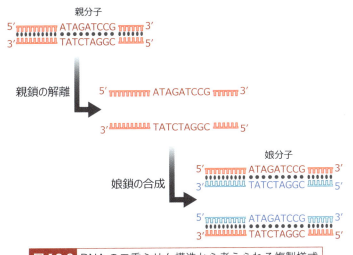

図 10.6 DNA の二重らせん構造から考えられる複製様式

半保存的に複製されるという説が主流であった.

10.2.3 大腸菌における複製機構の解明――メセルソン-スタールの実験
(a) メセルソンとスタールが用いた分析方法

　DNA が半保存的に複製されることを示したのがメセルソンとスタールであった. 彼らは大腸菌の複製機構を解析し, その様式を明らかにした.

　DNA の複製が保存的複製, 半保存的複製, 分散的複製のどの様式であるかを解明するためには, 娘鎖に親鎖由来の DNA と新たに合成された DNA がどのように含まれているかを知る必要がある. ハーシーとチェイスはファージの遺伝子が DNA であることを証明するために, ^{35}S と ^{32}P の放射性同位体を用いて, タンパク質と DNA をそれぞれ標識した (9.4 節参照). メセルソンとスタールは, 窒素の標準同位体 (^{14}N) と重い同位体 (^{15}N) を使用した. 大腸菌を培養する培地に N 源として ^{14}NH$_4$Cl (または ^{15}NH$_4$Cl) を加えて大腸菌を培養

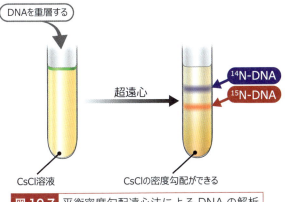

図 10.7 平衡密度勾配遠心法による DNA の解析

Biography
Matthew Meselson
1930 ～, アメリカのコロラド州デンバー生まれの分子生物学者. シカゴ大学で化学を学んだ後, カリフォルニア工科大学の L. ポーリングのもとで研究を行った. 1957 年, スタールとともに窒素の安定同位体を用いて DNA が半保存的に複製されることを証明した実験は有名. その後, 同じ原理を用いて, 遺伝的相同組換え反応が DNA の切断と再結合によることを示したり, ブレナーやジャコブとともに mRNA を発見するなど, 分子生物学に多大な貢献をした. 2017 年現在もハーバード大学教授.

Biography
Franklin Stahl
1929 ～, アメリカのマサチューセッツ州ボストン生まれの分子生物学者. ハーバード大学を卒業後, ロチェスター大学で学位を取得した. 1959 年からオレゴン大学でバクテリオファージ T4, ラムダファージ, 出芽酵母の遺伝的組換え反応を研究. 2001 年に退職し, 現在はオレゴン大学名誉教授.

すると，NH_4Cl は大腸菌に取り込まれて代謝され，^{14}N（または ^{15}N）が DNA 合成に利用され，^{14}N（または ^{15}N）を含むゲノム DNA ができる．

N 源として ^{14}N または ^{15}N だけを含む培地で培養した大腸菌からゲノム DNA（二本鎖 DNA）を精製し，遠心管に入れた塩化セシウム（CsCl）溶液に重層して遠心すると，遠心管内に塩化セシウムの濃度勾配ができ，DNA は自身の密度と等しい溶媒密度の位置にバンドを形成する（図 10.7）．この分離・分析手法を平衡密度勾配遠心法という．^{14}N の培地で培養した大腸菌の二本鎖 DNA（^{14}N-DNA）と ^{15}N の培地で培養した大腸菌の二本鎖 DNA（^{15}N-DNA）とは密度が異なり，^{15}N-DNA が ^{14}N-DNA より密度が大きいので，図 10.7 のように，^{14}N-DNA と ^{15}N-DNA を分離できる．

(b) メセルソンとスタールの実験

メセルソンとスタールは，まず大腸菌を ^{15}N だけを含む培地で培養し，ゲノム DNA の窒素原子がすべて ^{15}N からなる大腸菌を用意した（この大腸菌を第 0 世代の大腸菌とする）．この大腸菌を N 源として ^{14}N だけを含む培地に移して，37 ℃で培養した（図 10.8）．大腸菌は約 20 分間に 1 回の割合で細胞分裂をするので，培養 20 分後の大腸菌（第 1 世代の大腸菌），40 分後の大腸菌（第 2 世代の大腸菌）から二本鎖 DNA を精製し，塩化セシウムの平衡密度勾配遠心法により分析した．その結果，第 1 世代の大腸菌では，^{14}N-DNA と ^{15}N-DNA の中間の位置に 1 本のバンドが観察された（図 10.8）．

DNA の複製様式が保存的複製，半保存的複製，あるいは分散的複製である場合，第 1 世代の大腸菌のゲノム DNA の分離パターンはそれぞれどうなるだろうか．保存的複製の場合，娘分子の一方が 2 本の親鎖からなる ^{15}N-DNA で，もう一方が新たに合成された 2 本のポリヌクレオチド鎖からなる ^{14}N-DNA なので，^{14}N-DNA の位置と ^{15}N-DNA の位置にバンドが観察されるはずである

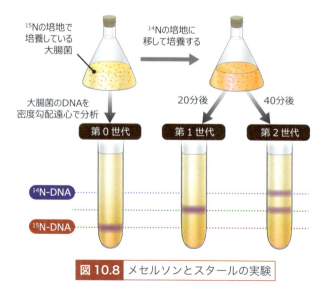

図 10.8 メセルソンとスタールの実験

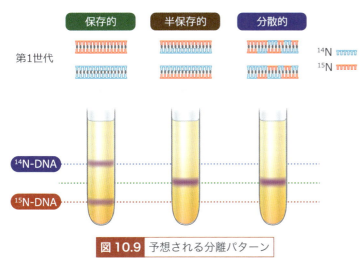

図10.9 予想される分離パターン

三つの複製様式から予想される第1世代の大腸菌のDNAの分離パターン.

(図10.9).これは実験結果とは合わないので,DNAの複製様式は保存的複製ではないことがわかる.一方,「半保存的複製」で生じる娘分子は,一方のポリヌクレオチド鎖が ^{15}N からなる親鎖で,もう一方のポリヌクレオチド鎖が新たに合成された ^{14}N からなるポリヌクレオチド鎖なので,^{14}N-DNA と ^{15}N-DNA の中間の位置にバンドが観察されるはずである(図10.9).また分散的複製の場合も,娘鎖の一部は親鎖からなり,その他の部分は新たに合成されたポリヌクレオチド鎖からなるので,^{14}N-DNA と ^{15}N-DNA の間にバンドが観察されるはずである(図10.9).したがって,第1世代の分離パターンだけでは,DNAの複製様式が半保存的複製か分散的複製のどちらであるかを決めることはできない.

第2世代の大腸菌では,^{14}N-DNA と ^{15}N-DNA の中間の位置と ^{14}N-DNA の位置にそれぞれバンドが観察された(図10.8).半保存的複製の場合には,

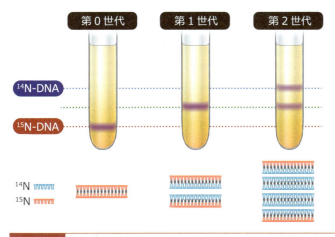

図10.10 半保存的複製様式から予想されるDNAの分離パターン

図10.10のように，第2世代の大腸菌では，^{15}Nからなるポリヌクレオチド鎖と^{14}Nからなるポリヌクレオチド鎖からなる二本鎖DNAと，2本の^{14}Nからなるポリヌクレオチド鎖からなる二本鎖DNAの2種類のDNAが生じる．これは，実験結果の分離パターンと一致する．一方，分散的複製の場合には，それぞれのポリヌクレオチド鎖に^{14}Nの部分と^{15}Nの部分が混在するので，2本の^{14}Nだけからなるポリヌクレオチド鎖からなる二本鎖DNAは出現しない．以上の結果より，DNAの複製様式が半保存的複製であることが明らかになった．

Column 遺伝子工学の誕生と発展（2）〜プラスミドベクター〜

プラスミド（plasmid）は，細胞内にゲノムDNAとは独立に存在し，自律的に複製し，細胞が分裂しても娘細胞に安定に伝達される遺伝因子の総称である（図10.11）．遺伝子工学の分野では，このプラスミドを「遺伝子の運び屋」として利用している．

目的のDNA断片を細胞に導入したり，導入した細胞で複製させて増やすために作製されたのがプラスミドベクター（plasmid vector）である．自然界に存在するプラスミドを改変して作られる．第一世代のプラスミドベクターとしてよく使用されたのがpBR322である（図10.12）．pBR322は4363塩基対からなる二本鎖の環状DNAで，次の特徴をもつ．

① 大腸菌のプラスミドColE1の複製起点をもつの

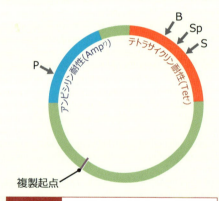

図10.12 プラスミドベクター pBR322

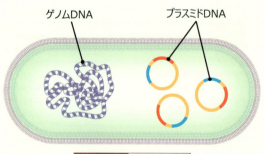

図10.11 プラスミド

で，大腸菌に導入すると自律的に複製し，細胞が分裂しても娘細胞に安定に伝達される．
② 2種類の抗生物質（アンピシリンとテトラサイクリン）に対する薬剤耐性遺伝子をもつので，pBR322をもつ大腸菌はアンピシリンおよびテトラサイクリンを含む培地で生育できる．この特性を利用して，pBR322をもつ大腸菌を容易に選択できる．
③ 複製起点とは異なる場所に，pBR322を1カ所でしか切断しない制限酵素の認識配列が存在する（図10.12のB，Sp，Sなど）ので，その位置

確認問題

1. 次の用語を説明しなさい．
   (1) 二重らせん
   (2) 塩基対
   (3) 半保存的複製
   (4) 平衡密度勾配遠心法
2. ワトソンとクリックのDNAの二重らせん構造モデルに，シャルガフの塩基存在比の結果はどのように取り入れられたか．
3. メセルソンとスタールは，大腸菌のDNAの複製機構を解析するときに，親鎖と娘鎖をどのような方法で識別したか．
4. 10.2.3項のメセルソンとスタールの実験で，第3世代の大腸菌を分析したら，DNAの分離パターン（バンド）はどのように観察されるか．

に目的のDNA断片を挿入できる．

　プラスミドベクターにDNA断片を挿入する操作の流れを図10.13に示した．目的のDNA断片が制限酵素 PstⅠで切断した断片であるとする．PstⅠは 5′-CTGCAG-3′ という塩基配列を認識し，AとGの間で二本鎖DNAを切断するので，PstⅠで切断したDNA断片は3′末端にTGCAの突出した配列をもつ．pBR322にもPstⅠの認識配列（図10.12のP）が1カ所存在するので，pBR322をPstⅠで切断する．PstⅠで切断したpBR322と目的のDNA断片を混ぜ，DNAリガーゼを加えて反応すると，PstⅠの突出末端は互いに相補的で塩基対を形成できるので，ある頻度でpBR322と目的のDNA断片がつながった組換えプラスミドが生成する．このとき，それぞれのDNA鎖のAとGの間も，リガーゼによりリン酸ジエステル結合で連結される．このリガーゼ反応液を，カルシウム処理によりDNAを取り込む能力を高めた大腸菌（コンピテントセル；competent cell と呼ぶ）と混ぜることにより，組換えプラスミドを大腸菌に取り込ませることができる．

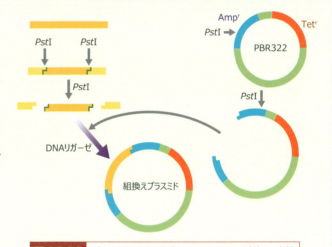

図10.13 プラスミドベクターへのDNA断片の連結

　組換えプラスミドでは，DNA断片の挿入によりアンピシリン耐性遺伝子は破壊されているが，テトラサイクリン耐性遺伝子をもつので，組換えプラスミドをもつ大腸菌はテトラサイクリンを含む培地で生育する大腸菌として選択することができる．大腸菌に取り込ませた組換えプラスミドは複製起点をもつので，自律的に複製し，細胞が分裂しても娘細胞に安定に伝達される．したがって，その大腸菌を培養することにより，目的のDNAを大量に調製することができる．

第11章

複製の仕組み

この章で学ぶこと

第10章では，DNAの複製様式が半保存的であることを学んだ．本章では，DNAポリメラーゼによるDNA複製の分子機構を学ぶ．DNAを合成する酵素であるDNAポリメラーゼは，$5' \to 3'$方向にしかDNAを合成できない．しかし，DNAの2本のポリヌクレオチド鎖は逆平行なので，二本鎖のDNA鎖を鋳型として複製する際，一方の鋳型鎖に対しては$5' \to 3'$方向にDNA鎖を伸長させていけるが，他方の鋳型鎖に対しては$3' \to 5'$方向にDNA鎖を伸長させなければならない．また，直鎖状のゲノムDNAをもつ真核生物では，ゲノムDNAの末端をいかに複製するかという問題が生じる．これらの問題を生物がいかに解決しているかを解説し，複製の分子機構を学ぶ．

11.1 DNAポリメラーゼ

11.1.1 DNAポリメラーゼの発見

DNAポリメラーゼ（DNA polymerase）とは，一本鎖の核酸を鋳型として，それと相補的な塩基配列のDNA鎖を合成する酵素である．DNAポリメラーゼは，1956年にコーンバーグらによって大腸菌から単離された．この酵素は，現在ではDNAポリメラーゼI（DNA polymerase I；pol I）と呼ばれている．

大腸菌には3種類のDNAポリメラーゼ，DNAポリメラーゼI（pol I），DNAポリメラーゼII（pol II），DNAポリメラーゼIII（pol III）が存在し，そのうち，pol IとpolIIIがゲノムDNAの複製に関与している．

11.1.2 大腸菌のDNAポリメラーゼのもつ活性

大腸菌のDNAポリメラーゼI，IIIは，DNAポリメラーゼ活性に加え，エキソヌクレアーゼ（exonuclease）活性をもつ（表11.1）．以下，この二つの活性を説明する．

(a) DNAポリメラーゼ活性

図11.1の4種類のDNA（鋳型）に，DNAポリメラーゼと4種類のヌクレ

この節のキーワード

- DNAポリメラーゼ
- 鋳型DNA
- プライマー
- DNAポリメラーゼ活性
- エキソヌクレアーゼ活性
- 校正機能

Biography

Arthur Kornberg
1918～2007．アメリカのニューヨーク生まれ．1946年にニューヨーク大学のS.オチョアの下で酵素について学んだ．1953年からはミズーリ州ワシントン大学教授となり，1956年にDNAを合成する酵素DNAポリメラーゼIを初めて単離し，この業績で1959年にノーベル生理学・医学賞を受賞した．長男のR. D. コーンバーグも2006年にノーベル化学賞を受賞している．次男のT. B. コーンバーグはDNAポリメラーゼIIおよびIIIを発見した．

表 11.1 大腸菌の DNA ポリメラーゼ I, III のもつ活性

	pol I	pol III
5′→3′ DNA ポリメラーゼ活性	+	+
3′→5′ エキソヌクレアーゼ活性	+	+
5′→3′ エキソヌクレアーゼ活性	+	−

オチド（dATP, dCTP, dGTP, dTTP）を加えて適切な条件で反応させたら，①〜④のどの場合に DNA 合成が起きるだろうか．①は一本鎖 DNA，②は二本鎖 DNA である．③，④の二本鎖 DNA は，一方のポリヌクレオチド鎖が短くなっていて，③では 3′ 末端側が，④では 5′ 末端側が短くなっている．

これら 4 種類の DNA のうち，DNA 合成が起きるのは③の場合だけである．③の場合には，長いほうのポリヌクレオチド鎖が鋳型として用いられ，短いほうのポリヌクレオチド鎖の 3′ 末端に鋳型と相補的なヌクレオチドが付加され，DNA が合成される（図 11.1）．このとき，短いほうのポリヌクレオチド鎖を**プライマー**（primer）と呼ぶ．このように，DNA ポリメラーゼによる DNA 合成には，鋳型 DNA だけでなく，鋳型 DNA と塩基対を形成したプライマーが必要である（図 11.2）．

DNA ポリメラーゼにより，DNA は 5′→3′ 方向に合成される（図 11.2）．その DNA 合成反応を分子レベルで見ると図 11.3 のようになる．

① 鋳型 DNA のヌクレオチドの塩基と相補的な塩基をもつヌクレオチドが，塩基間で水素結合を形成することにより取り込まれる．
② 合成中の DNA 鎖の 3′ 末端のヌクレオチドの 3′ の炭素原子の OH 基と，新たに取り込まれたヌクレオチドの 5′ の炭素原子の α 位のリン酸基とが反応して，一つのヌクレオチドがリン酸ジエステル結合で連結される．この際，新たに取り込まれたヌクレオチドの β 位と γ 位のリン酸基はピ

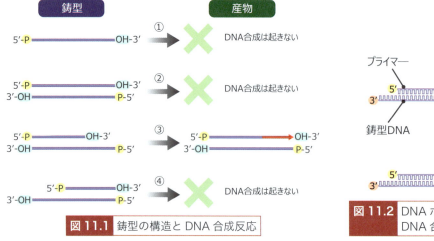

図 11.1 鋳型の構造と DNA 合成反応

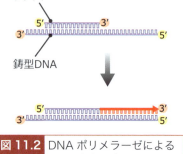

図 11.2 DNA ポリメラーゼによる DNA 合成反応

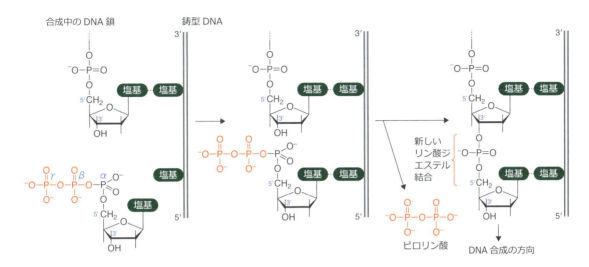

図11.3 DNAポリメラーゼによるDNA合成の分子機構

ロリン酸として遊離する．

(b) 3′→5′エキソヌクレアーゼ活性（校正機能）

　DNAポリメラーゼによるDNA合成の過程では，鋳型のヌクレオチドと相補的なヌクレオチドが取り込まれる（図11.3）．しかし，塩基対を形成できないヌクレオチドが誤って取り込まれることがある．その場合には，DNAポリメラーゼによるDNA合成が一時停止し，DNAポリメラーゼがもつ3′→5′エキソヌクレアーゼ（exonuclease）活性によって塩基対を形成できないヌクレオチドが取り除かれる（図11.4）．

　3′→5′エキソヌクレアーゼ活性とは，3′末端側から5′方向にヌクレオチドを除去する活性である．誤って取り込まれたヌクレオチドが除去されると，DNAポリメラーゼ活性によるDNA合成が再開する．このように，3′→5′エ

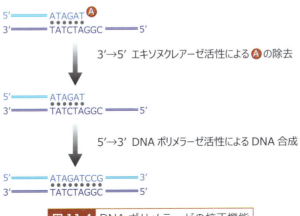

図11.4 DNAポリメラーゼの校正機能

キソヌクレアーゼ活性は DNA 合成における塩基配列の誤りを修正する機能を担っており，そのおかげで複製が正確に行われている．そのため，この機能は**校正機能**（proofreading function）と呼ばれる．

11.2 大腸菌における DNA の複製

11.2.1 複製起点と複製フォーク

大腸菌のゲノム DNA は 4.6×10^6 塩基対（base pairs, bp と略す）の大きさである．大腸菌のゲノム DNA は，決まった位置から両方向に複製される．複製が始まる位置を**複製起点**（replication origin）と呼ぶ（図 11.5）．また複製過程で生じる，複製前の二本鎖 DNA が一本鎖 DNA にほどかれる分岐点を**複製フォーク**（replication fork）と呼ぶ（図 11.5）．

DNA の複製を行うためには，親分子の二本鎖 DNA の塩基対をほどき，一本鎖に開裂させる必要がある．複製フォークでは，**ヘリカーゼ**（helicase）という酵素によって DNA の二重らせんが巻き戻されて一本鎖になる．これが再び巻きつかないように，一本鎖 DNA 部分には一本鎖（DNA）結合タンパク質（SSB タンパク質；SSB protein, <u>s</u>ingle-strand <u>b</u>inding protein の略）が結合する．これにより，2 本の親鎖がただちに再対合することを防ぐ（図 11.6）．

この節のキーワード
- 複製起点
- 複製フォーク
- ヘリカーゼ
- SSB タンパク質
- リーディング鎖
- ラギング鎖
- 岡崎フラグメント
- RNA プライマー
- プライマーゼ
- DNA リガーゼ

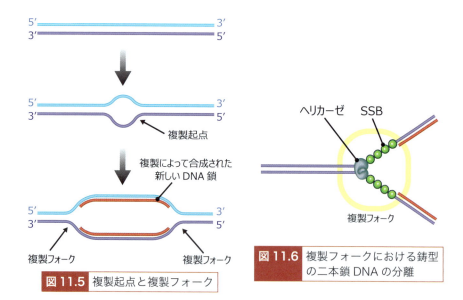

図 11.5 複製起点と複製フォーク

図 11.6 複製フォークにおける鋳型の二本鎖 DNA の分離

11.2.2 リーディング鎖とラギング鎖

複製の過程を考えてみよう．図 11.7 のように，複製が進んで複製フォークが左側に移動したとすると，図の赤い点線の部分の DNA が合成されることになる．しかし，ここで厄介な問題が生じる．DNA の 2 本のポリヌクレオチド鎖は互いに逆向きに配列していて，DNA の複製では，この 2 本のポリヌクレ

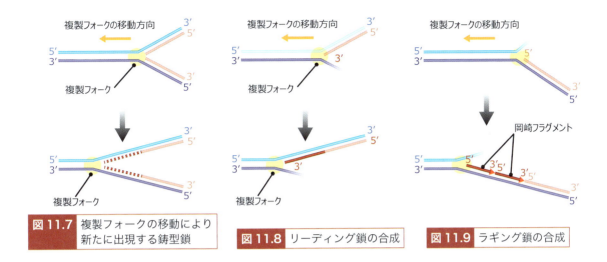

図11.7 複製フォークの移動により新たに出現する鋳型鎖

図11.8 リーディング鎖の合成

図11.9 ラギング鎖の合成

オチド鎖の両方が鋳型になる．一方，11.1.2項で学んだように，DNAポリメラーゼは$5' \to 3'$方向にしかDNAを合成できない．そのため，図11.7の上側の親鎖を鋳型として娘鎖を合成する場合には，複製フォークが進む方向と同じ向きにDNAを合成することができるが，下側の親鎖を鋳型として娘鎖を合成する場合には，複製フォークが進む方向とは逆向きにDNAを合成しなければならない．DNAポリメラーゼによるDNA合成にはプライマーが必要である．

上側の親鎖を鋳型とした場合には，図11.8で示すように，それまでに合成されたDNA（薄赤色の実線の部分）がプライマーとなり，図11.7の赤い点線部分のDNAを連続的に合成できる．このように連続的に合成される娘鎖を**リーディング鎖**（leading strand）と呼び，このような合成の仕方を連続的な合成（continuous synthesis）という．

もう一方の娘鎖は**ラギング鎖**（lagging strand）と呼ばれる（図11.9）．ラギング鎖は，プライマーなしにどのような仕組みで合成されるのだろうか．このラギング鎖合成の謎を解いたのが，岡崎令治らのグループであった．ラギング鎖では，$5' \to 3'$方向の短いDNA鎖（これを岡崎フラグメントと呼ぶ）の合成とDNA鎖の連結を繰り返しながら，全体として$3' \to 5'$方向へ娘鎖を伸長していた（図11.9）．このようなDNA合成の仕方を，不連続的な合成（discontinuous synthesis）という．

11.2.3 岡崎フラグメントの発見

以下では岡崎らの研究をたどりつつ，ラギング鎖の合成の詳細を見ていこう．

岡崎らは大腸菌にT4ファージを感染させ，T4ファージのDNAの複製を解析した．DNA合成の速度を遅くするため，大腸菌は20℃で培養した．ファージDNAの複製が活発に行われている時期に^{3}H標識したチミジンを培地に加えることにより，新たに合成されたDNA部分を^{3}Hで標識した．大腸菌から調製したDNAをアルカリ条件で変性して一本鎖DNAにし，どのくらいの長

Biography
岡崎令治
1930～1975，広島市生まれの分子生物学者．1960年，ワシントン大学のA.コーンバーグ博士（11.1.1項参照）のもとに留学．1963年，名古屋大学助教授として帰国後，1966年にDNA複製の中間体として短い断片が作られることを発見し，「不連続複製モデル」を発表した．1972年には断片の末端のRNAを発見し，モデルを完成させた．1975年，広島での被爆が原因の慢性骨髄性白血病のため44歳で急逝した．

■ T4ファージ
大腸菌を宿主とするバクテリオファージの一種．頭部と尾部からなり（図9.8参照），頭部に約170 kbp（キロbp）の二本鎖の直鎖状DNAが格納されている．

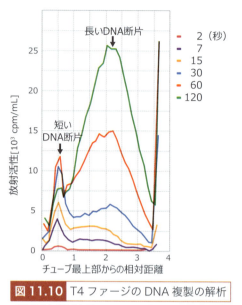

図11.10 T4ファージのDNA複製の解析

ショ糖密度勾配遠心法でDNAを大きさにより分画して解析した．

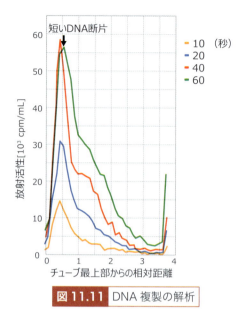

図11.11 DNA複製の解析

DNAリガーゼ遺伝子に変異をもつT4ファージを用いて解析した．

さのDNAがどのくらいあるかを解析した（図11.10）．^{3}Hチミジンで短時間標識すると，1000〜2000ヌクレオチドの短いDNA断片（これを岡崎フラグメントと呼ぶ）が観察された．標識時間を長くすると，短いDNA断片の量が増加するとともに，長いDNA断片のピークも出現した．長いDNA断片は，標識された短いDNA断片が，それまでに作られていたDNAに連結されて大きくなったものと考えられた．

DNAの連結は，11.2.5項で述べるように，DNAリガーゼ（DNA ligase）によって行われる．そこで岡崎らは，T4ファージのDNAリガーゼが機能しない条件で，ファージのDNAの複製を解析した．DNAリガーゼが機能しなければ，短いDNA断片が蓄積するはずである．予想通り，新たに合成された，^{3}Hで標識されたDNAの大部分は，短いDNA断片であった(図11.11)．

これらの結果は，ラギング鎖は短いDNA断片の不連続的な合成とDNA鎖の連結により複製が行われることを示している．しかし，リーディング鎖は連続的に合成されるので，標識の初期にも，短いDNA断片に加えて長いDNA断片も検出されるはずである．その後，DNA合成の際に，チミンヌクレオチド（dTMP）の代わりにウラシルヌクレオチド（dUMP）が取り込まれることがあり，ウラシルを取り除き，チミンに交換する修復反応の過程でDNA鎖が切断されることが明らかになった．つまり，リーディング鎖は実際には連続的に合成されるが，ときどきウラシルが取り込まれ，その修復の過程でDNA鎖が切断されるため，岡崎らの実験では短いDNA断片として検出されたと考えられた．

11.2.4 岡崎フラグメントの合成

大腸菌の DNA 複製では，リーディング鎖の合成もラギング鎖の合成も pol III によって行われる．pol III による DNA 合成にはプライマー（primer）が必要である．岡崎恒子らは，岡崎フラグメントを DNA 分解酵素（DNase）で分解すると，つねに 10〜12 塩基の RNA 断片が残ることを示し，岡崎フラグメントが RNA をプライマーとして合成されることを明らかにした（図 11.12）．この RNA プライマーは，プライマーゼ（primase）と呼ばれる RNA ポリメラーゼによって合成される．

■ **RNA ポリメラーゼ**
一本鎖の核酸を鋳型として，それと相補的な RNA を合成する酵素．DNA ポリメラーゼによる DNA 合成とは異なり，RNA ポリメラーゼによる RNA 合成の開始にはプライマーは必要ない．

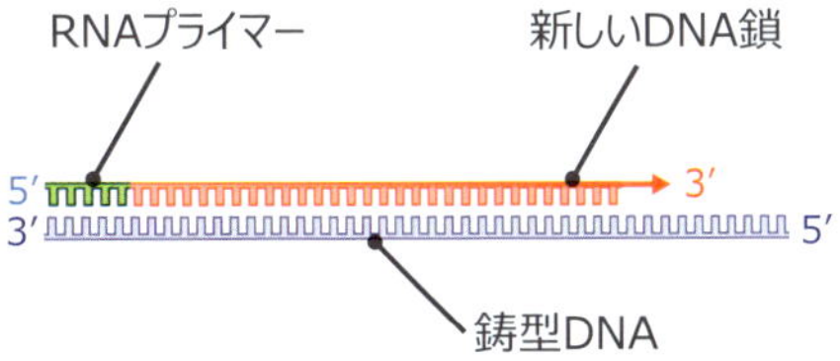

図 11.12 岡崎フラグメントの合成

ラギング鎖では，プライマーゼによって合成された短い RNA をプライマーとして，pol III によって親鎖と相補的な娘鎖が合成される（図 11.12）．この DNA 合成は，隣の岡崎フラグメントの RNA プライマーの 5′ 末端に到達すると停止する．

11.2.5 RNA プライマーの除去と DNA の連結

岡崎フラグメントの合成が，隣の岡崎フラグメントの RNA プライマー部分に到達すると，DNA ポリメラーゼが pol III から pol I に置き換わる（図 11.13 の①）．pol I は pol III と異なり，5′→3′ エキソヌクレアーゼ（exonuclease）

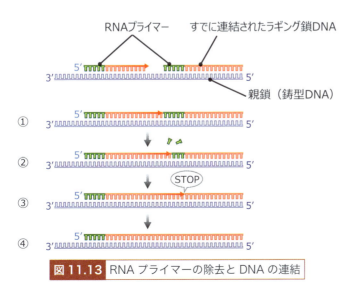

図 11.13 RNA プライマーの除去と DNA の連結

■ DNAリガーゼ
DNA鎖の末端どうしをリン酸ジエステル結合で連結する酵素．遺伝子工学でよく用いられるT4ファージ由来のT4 DNAリガーゼは，反応にATPを必要とし，二本鎖DNAの3′-OH末端と5′-P末端の間をリン酸ジエステル結合で連結する（図8.15参照）．

この節のキーワード
・テロメア
・テロメラーゼ

■ 核DNA
真核生物の細胞では，DNAは核の染色体以外にも，ミトコンドリアにも存在する．植物細胞では，葉緑体にもDNAが存在する．核DNAが直鎖状の二本鎖DNAであるのに対して，ミトコンドリアDNAや葉緑体DNAは環状の二本鎖DNAである．ミトコンドリアDNAや葉緑体DNAにも遺伝子が存在するが，通常，ゲノムDNAといえば核DNAを指す．

■ テロメラーゼ
テロメアを合成するための鋳型となるRNAのTERCと逆転写酵素（コラム：遺伝子工学の発展と誕生(3)を参照）のTERTを含む複合体．

活性をもつ（表11.1）．pol I はこの活性により，隣の岡崎フラグメントのRNAプライマー部分を5′側から除去しつつ，DNAポリメラーゼ活性により，代わりにDNA鎖の3′末端に親鎖と相補的なデオキシリボヌクレオチドを連結し，DNA鎖を伸長させる（図11.13の②）．RNAプライマー部分がDNA鎖に置き換わると，pol I による反応は停止する（図11.13の③）．その後，隣接するDNAは，DNAリガーゼという酵素によりリン酸ジエステル結合によって連結される（図11.13の④）．

11.3 真核生物におけるDNAの複製

DNA複製は，大腸菌でも真核生物でも基本的にほぼ同じ機構で行われる．前節で述べた大腸菌の複製フォークで起こる反応は，真核生物にもあてはまる．しかし，大腸菌のゲノムDNAの複製起点は1カ所であるが，真核生物のゲノムDNAには複数の複製起点があるなど，相違点もある．本節では，真核生物のDNAポリメラーゼと，直鎖状のゲノムDNAの末端の複製機構についてふれる．

11.3.1 真核生物のDNAポリメラーゼ

哺乳動物の細胞には，α，β，γ，δ，εと呼ばれる5種類のDNAポリメラーゼがある．そのうちDNAポリメラーゼα，δおよびεが核DNAの複製にかかわる．DNAポリメラーゼεはリーディング鎖を合成する．DNAポリメラーゼαはプライマーゼ活性をもち，岡崎フラグメントのためのRNAプライマーを合成し，続けてDNAポリメラーゼとして短いDNA鎖を合成する．その後，DNAポリメラーゼδがそれに取って代わり，ラギング鎖を合成する．

DNAポリメラーゼγはミトコンドリアのDNAを複製する．DNAポリメラーゼβは主に修復反応にかかわる．

11.3.2 テロメア

大腸菌のDNAは環状であるが，真核生物のDNAは直鎖状である．DNAは5′→3′方向にしか合成されない．そのため，直鎖状のDNAの複製では，鋳型鎖の3′末端部分でラギング鎖を合成するときに，岡崎フラグメントの合成を始めるためのRNAプライマーを合成するための鋳型となるDNAが存在しないという問題が生じる（図11.14の①参照）．

真核生物の直鎖状のゲノムDNAの末端には**テロメア**（telomere）と呼ばれる短い配列の繰り返しがあり（図11.14），これが末端複製問題を解決している．ヒトではテロメアの反復配列はGGGTTAで，各テロメアではこの配列が約1000回も反復されている．

テロメラーゼ（telomerase）という酵素が，細胞分裂のたびに反復配列を補充している．テロメアに引き寄せられたテロメラーゼ（図11.14の②）は，自

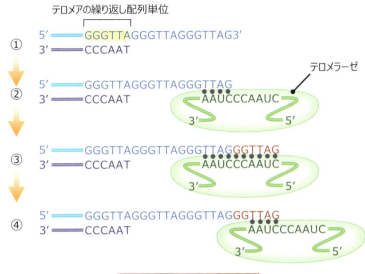

図11.14 テロメアの複製

身の成分であるRNAを鋳型に用いて，鋳型鎖の3'末端に反復配列を付加していく（図11.14の③）．この反応を繰り返すことにより付加された反復配列が十分に長くなると，プライマーゼがRNAプライマーを合成し，付加された反復配列を鋳型として相補鎖が合成される．その後，リガーゼによりDNAが連結され，ラギング鎖の複製が完了する．

　テロメアの長さは，細胞の分裂の回数を数える物差しとなっており，細胞の寿命を調節していると考えられている．正常な体細胞では，テロメラーゼは発現していないか，または弱い活性しかもたない．そのため，細胞分裂のたびにテロメアは短くなっていく．テロメアが一定の長さより短くなると，細胞はそれ以上分裂しなくなる．この状態は**細胞老化**（cell senescence）と呼ばれる．これにより，テロメアが欠失してゲノムが不安定化した細胞が増殖し，がん化することを防いでいると考えられている．一方，がん細胞ではテロメラーゼ活性が高く，複製のたびにテロメアを修復するので，無限に細胞分裂を続けることができる．

確認問題

1. 次の用語を説明しなさい．
   (1) 複製起点
   (2) 複製フォーク
   (3) 岡崎フラグメント
   (4) テロメア
2. 大腸菌のDNA複製におけるDNAポリメラーゼⅠとDNAポリメラーゼⅢ

3. 大腸菌のDNA複製におけるリーディング鎖とラギング鎖の合成について説明しなさい．
4. 真核生物のDNA複製におけるテロメラーゼの役割を説明しなさい．

Column 遺伝子工学の誕生と発展（3）〜逆転写酵素とcDNA〜

組換えDNA技術の飛躍的な発展には，逆転写酵素の発見により，RNAの解析が可能になったことも大きく貢献している．DNAの場合には，目的のDNA断片を制限酵素で切り出し，プラスミドベクターに連結して組換えプラスミドとして大量に調製し，塩基配列を決定することも可能であった．しかしRNAに関しては，そのような解析技術はなかった．

逆転写酵素（reverse transcriptase）は，RNA型がんウイルスであるレトロウイルス（retrovirus）で発見された．逆転写酵素は逆転写反応，つまりRNAを鋳型としてDNAを合成する反応を触媒する酵素で，DNAポリメラーゼの一種である．なぜ「逆」転写なのかというと，通常の転写はDNAを鋳型にしてRNAを合成する反応だからである．

たとえば図11.15の方法で，真核生物のmRNAを二本鎖のDNAに変換できる．真核生物のmRNAは3'末端にポリA配列をもつ（13.1.2項参照）ので，チミン残基だけからなる短いDNA鎖（オリゴdT）を加えると，ポリA配列にオリゴdTが塩基対を形成して結合する．ここに逆転写酵素とdATP, dCTP, dGTP, dTTPを加えて反応すると，mRNAを鋳型として，オリゴdTがプライマーとなり，mRNAと相補的なDNA（complementary DNA, cDNAと略す）が合成される．次に，RNaseHでmRNAを部分的に切断してから，DNAポリメラーゼⅠとdATP, dCTP, dGTP, dTTPを加えて反応すると，RNaseHで分解されずに残ったmRNAがプライマーとなり，一本鎖目のcDNAを鋳型として二本鎖目の

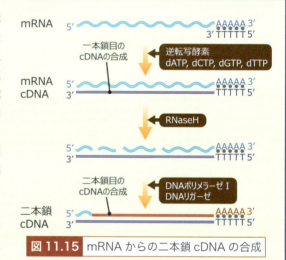

図11.15 mRNAからの二本鎖cDNAの合成

cDNAが合成されるので，二本鎖cDNAになる．この二本鎖目のcDNA合成では，ラギング鎖の合成機構を利用している．

このようにmRNAを二本鎖cDNAに変換してしまえば，組換えDNA技術を活用することができる．cDNAの塩基配列を決定することにより，mRNAの塩基配列を知ることもできるし，mRNAがコードするタンパク質のアミノ酸配列も決定することができる．より重要なことは，二本鎖cDNAがあれば，それからmRNAを合成し，それからさらにタンパク質を合成できることである．現在でも，このような手法でタンパク質を合成することにより，タンパク質の機能がさかんに解析されている．

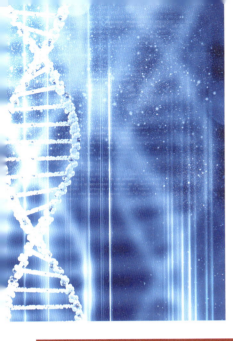

転　写

この章で学ぶこと

生物が活動するためには、細胞で遺伝子を発現し、タンパク質を作らなければならない。遺伝子発現の最初の過程が、DNAからRNAが作られる「転写」である。そして、転写によって作られたRNAを用いて、タンパク質が「翻訳」される。本章では、RNAの種類と機能、および原核生物と真核生物の転写機構について学ぶ。

12.1 転写反応

12.1.1 RNAの種類と転写反応

　代表的なRNA分子には、**mRNA**（messenger RNA、日本語ではメッセンジャーRNAまたは伝令RNA）、**tRNA**（transfer RNA、日本語ではトランスファーRNAまたは運搬RNAまたは転移RNA）、**rRNA**（ribosomal RNA、日本語ではリボソームRNA）の三つがある（表12.1）。これら3種類のRNAは翻訳において重要な役割を担っている（第13章参照）。本節では、DNAを鋳型にしてRNAが合成される様子を学ぶ。

　DNAの塩基配列と、そのDNAを鋳型として転写されたRNAの塩基配列は、図12.1の関係になる。転写反応では、二本鎖のDNAの一方のDNA鎖を鋳型として、それと相補的な塩基配列のRNAが合成される。

この節のキーワード

- RNAポリメラーゼ
- 鋳型鎖
- 非鋳型鎖
- リン酸ジエステル結合

■非鋳型鎖

二本鎖のDNAのうち、鋳型鎖でないほうのDNA鎖を非鋳型鎖と呼ぶ。転写されたRNAの塩基配列は、非鋳型鎖の塩基配列のTをUに変えた配列になる。そのため、DNAの塩基配列をどちらか一方のDNA鎖の塩基配列で表記するときは、非鋳型鎖の塩基配列で表記する。

表12.1　主なRNAとその機能

名称	機能
mRNA	タンパク質のアミノ酸配列の情報をもつ
tRNA	アミノ酸を結合して、リボソームに運ぶ
rRNA	タンパク質合成の場であるリボソームの構成成分

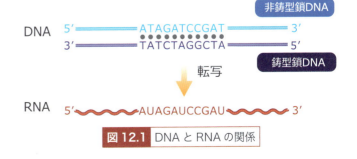

図12.1　DNAとRNAの関係

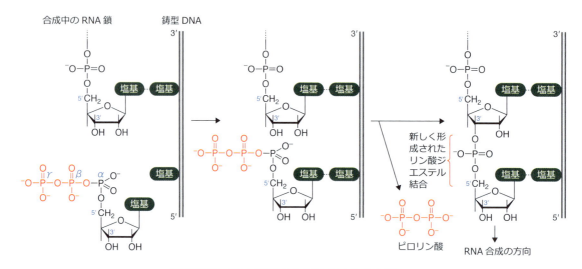

図12.2 RNAポリメラーゼによる転写反応

転写反応は **RNAポリメラーゼ**（RNA polymerase）という酵素によって触媒される．図12.2は，RNAポリメラーゼにより，合成中のRNAの3′末端に新たにリボヌクレオチドが付加され，RNAが伸長する過程を示したものである．

① まず鋳型DNAの次のヌクレオチドと相補的な塩基をもつリボヌクレオチドが，塩基対を形成して取り込まれる．
② 次に，合成中のRNA鎖の3′末端のリボヌクレオチドの3′の炭素原子のOH基と，新たに取り込まれたリボヌクレオチドの5′の炭素原子のα位のリン酸基とが結合して，リボヌクレオチドが一つリン酸ジエステル結合で連結される．この際，新たに取り込まれたリボヌクレオチドのβ位とγ位のリン酸基はピロリン酸として放出される．

図12.3は，転写反応を塩基配列レベルで示したものである．鋳型DNAと相補的な塩基をもつリボヌクレオチドが，伸長中のRNAの3′末端に一つずつ付加され，RNAは5′→3′方向に合成されていく．このとき，RNAと鋳型DNAは逆向きなので，鋳型DNAは3′→5′方向に読まれていることになる．

この節のキーワード

・RNAポリメラーゼ
・ホロ酵素
・コア酵素
・σサブユニット
・プロモーター
・−10領域
・−35領域
・ターミネーター

12.2　大腸菌における転写

12.2.1　大腸菌のRNAポリメラーゼ

大腸菌のRNAポリメラーゼは複数のタンパク質からなる複合体で，ホロ酵素（holoenzyme）またはコア酵素（core enzyme）のかたちで細胞に存在する．ホロ酵素はαサブユニット2個，βサブユニット1個，β′サブユニット1個，σサブユニット1個の5個のサブユニットからなる（図12.4）．コア酵素はσ

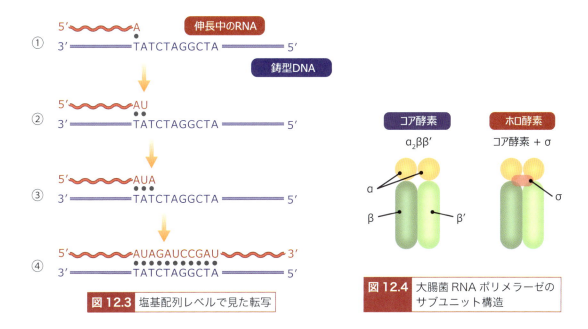

図 12.3 塩基配列レベルで見た転写

図 12.4 大腸菌 RNA ポリメラーゼのサブユニット構造

サブユニットをもたない（図 12.4）.

12.2.2 大腸菌の遺伝子のプロモーター

DNA 上の転写が開始するヌクレオチド（つまり，合成される RNA の 5′ 末端に相当するヌクレオチド）の位置を転写開始点と呼び，+1 で表す（図 12.5）. +1 より前（5′ 側）のヌクレオチドの位置は，−1，−2 と負の番号で表す（0 という位置はない）. このため，+1 より 5′ 側の領域を上流領域とも呼ぶ.

DNA ポリメラーゼによる DNA 合成の開始には，プライマーが必要であった（11.1 節参照）. RNA ポリメラーゼによる RNA 合成（転写）の開始には，プライマーは必要でないが，DNA 上の**プロモーター**（promoter）と呼ばれる領域が必要である. 転写の際，RNA ポリメラーゼはプロモーターを認識して結合する. 大腸菌には RNA ポリメラーゼは 1 種類しかないので，プロモーター

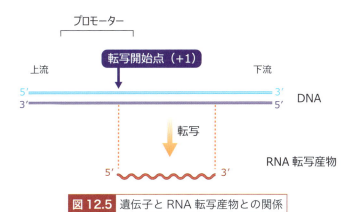

図 12.5 遺伝子と RNA 転写産物との関係

	-35領域	-10領域 (プリブナウ配列)	+1 (転写開始点)
lacP1	TAGGCACCCCAGGC**TTTACA**CTTTA	TGCTTCCGGCTCG**TATGTT**GTG	TGG**A**ATTGTGAGC
lacI	GACACCATCGAATG**GCGCAA**AACCT	TTCGCGGTATGG**CATGAT**AGC	GCCC**G**GAAGAGAGT
araBAD	TTAGCGGATCCTAC**CTGACG**CTTT	TATCGCAACTCTC**TACTGT**TTCTCCAT**A**CCCGTTTTT	
araC	GCAAATAATCAATG**TGGACT**TTTCT	GCCGTGATTATA**GACACT**TTTGTTAC**G**CGTTTTTGT	
trp	TCTGAAATGAGCTG**TTGACA**ATTAA	TCATCGAACTAG**TTAACT**AGT ACG**C**AAGTTCACGT	
trpR	TGGGACGTCGTTA**CTGATC**CGCAC	GTTTATGTATATGC**TATCGT**ACT CTTT**A**GCGAGTACA	
bioA	GCCTTCTCCAAAAC**GTGTTT**TTTGT	TGTTAATTCGGTG**TAGACT**TGT AAA**C**CTAAATCT	
bioB	TTGTCATAATCGAC**TTGTAA**ACCAA	ATTGAAAAGATTT**AGGTTT**ACAAGT**C**TACACCGAAT	
rrnD P1	GATCAAAAAAATAC**TTGTGC**AAAAA	ATTGGGATCCC**TATAAT**GCGCCTC**G**GTTGAGACGA	
rrnE P1	CTGCAATTTTTCTAT**TGCGG**CCTGC	GGAGAACTCCC**TATAAT**GCGCCTCC**A**TCGACACGG	
rrnAB P2	GCAAAAATAAATGC**TTGACT**CTGTA	GCGGGAAGGC**TATTATG**CA CAC**CC**CGCGCCGC	
共通性の高い配列 (コンセンサス配列)	----------**TTGACA**-----	------------**TATAAT**------	

図12.6 大腸菌の遺伝子のプロモーター領域の塩基配列の比較

は似た塩基配列をもつはずである．大腸菌の遺伝子の上流領域の塩基配列を比較すると，–10領域と–35領域に多くの遺伝子で共通性の高い配列（コンセンサス配列）が存在することがわかる（図12.6）．–10領域の配列は発見者にちなんで，プリブナウ配列（Pribnow box）とも呼ばれる．

12.2.3 転写の開始と伸長

　大腸菌のRNAポリメラーゼは，ホロ酵素またはコア酵素のかたちで細胞に存在する．ホロ酵素もコア酵素もDNAを鋳型としてRNAを合成する活性をもつが，プロモーター配列を認識して，特異的に結合できるのはホロ酵素だけである．ホロ酵素はσサブユニットをもち，σサブユニットが–10領域と–35領域に特異的に結合できるからである．

　RNAポリメラーゼによる転写開始機構は，次のように考えられている（図12.7）．

① RNAポリメラーゼはホロ酵素としてDNAにゆるく結合し，DNA上を移動して，プロモーターを探す．プロモーター上にくると，σサブユニットが–10領域と–35領域に結合して，RNAポリメラーゼはプロモーター上に正しく位置する．この状態では，DNAはまだ二本鎖のままなので，**閉じたプロモーター複合体**（closed promoter complex）と呼ばれる．

② 続いてRNAポリメラーゼはプロモーター上でDNAに固く結合し，二重らせんを巻き戻す．これにより，–10〜+3領域の二本鎖がほどけて一本鎖になる．この状態を**開いたプロモーター複合体**（open promoter complex）と呼ぶ．–10領域の配列が，2本の水素結合からなるA–T塩基対に富むこと（図12.6）は，二本鎖の解離に有利に働くと考えられる．

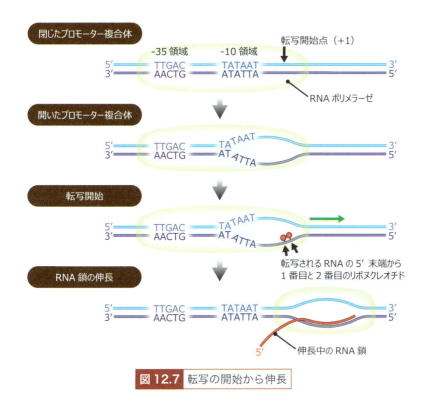

図 12.7 転写の開始から伸長

③ 二本鎖が解離して鋳型鎖が露出しているので，RNA 合成の基質であるリボヌクレオチドを取り込むことが可能になる．まず鋳型鎖の +1 と +2 の位置に，相補的な塩基をもつリボヌクレオチド（リボヌクレオシド三リン酸）が鋳型鎖と塩基対を作って取り込まれ，さらにこの二つのリボヌクレオチドの間でリン酸ジエステル結合が形成され，RNA 合成が開始する．転写が開始し，最初の数個のヌクレオチドが結合すると，ホロ酵素からσサブユニットが解離し，その後の転写はコア酵素のかたちで行われると考えられている．

④ 転写中の RNA ポリメラーゼは DNA に沿って下流に移動しながら，二本鎖を解離し，伸長中の RNA の 3′ 末端に順次リボヌクレオチドを付加して，RNA を合成していく．

12.2.4 転写の終結

転写反応は**ターミネーター**（terminator）と呼ばれる DNA 上の特定の領域で終結する．RNA ポリメラーゼはターミネーターに到達すると，鋳型 DNA から離れ，RNA を放出する．ターミネーターには，転写終結に ρ（ロー）タンパク質の補助を必要とする ρ 依存性ターミネーターと，それを必要としない内因性ターミネーターとがある．

12.2.5 異なるσサブユニットによる転写制御

大腸菌のRNAポリメラーゼ（コア酵素）は1種類である．しかしσサブユニットは7種類あるのでホロ酵素も7種類あり，それぞれのホロ酵素が異なる遺伝子を転写する．通常の生育条件下では，σ^{70}と呼ばれるσサブユニットが主に使われる．σ^{70}は図12.6の–35領域および–10領域の配列を認識する．大腸菌を高温（42℃）で培養すると，熱ショックタンパク質と呼ばれる一群のタンパク質が発現される．熱ショックタンパク質の遺伝子は，σ^{32}をもつホロ酵素によって転写される．σ^{32}が認識する–35領域および–10領域のコンセンサス配列は

–35領域 → CCCTTGAA
–10領域 → CCCCATNT（Nは任意）

であり，σ^{70}が認識するコンセンサス配列とは異なる．つまり，σ^{70}とは別のプロモーターに結合し，σ^{70}とは別のタンパク質を発現させる．このように，大腸菌は生育環境に応じてホロ酵素を変化させ，発現させる遺伝子を変えて，環境に適応している．

■**熱ショックタンパク質**
通常の生育環境よりも温度が高いときに発現される一群のタンパク質．主要な熱ショックタンパク質は，細菌からほ乳類まで広く保存されている．主に，タンパク質の変性を防ぐ働きをもつ．

この節のキーワード
・RNAポリメラーゼ I，II，III
・基本転写因子
・TBP
・TATAボックス

12.3　真核生物における転写

12.3.1　真核生物のRNAポリメラーゼ

前節で述べたように，大腸菌では1種類のRNAポリメラーゼがすべての遺伝子を転写する．それに対して，真核生物には3種類のRNAポリメラーゼ（I，II，III）がある．

真核生物のRNAポリメラーゼは三つとも10種類以上のサブユニットからなる（図12.8）．3種類のRNAポリメラーゼともに，最も大きいサブユニット

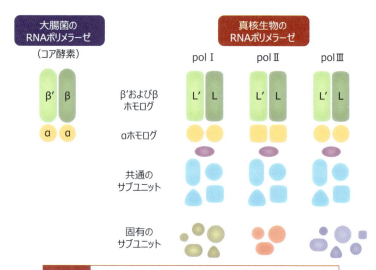

図12.8 原核生物と真核生物のRNAポリメラーゼの比較

は大腸菌のRNAポリメラーゼのβ'サブユニットと相同性があり，2番目に大きいサブユニットはβサブユニットと相同性がある．3種類のRNAポリメラーゼとも，大腸菌のRNAポリメラーゼのαサブユニットと相同性のあるサブユニットももつ．その他に，3種類のRNAポリメラーゼに共通のサブユニットや，それぞれのRNAポリメラーゼに固有のサブユニットをもつ．

このように，共通のサブユニットや相同性のあるサブユニットを多くもつことから，3種類のRNAポリメラーゼは共通の祖先から進化したと考えられている．

12.3.2　3種類のRNAポリメラーゼの機能

真核生物の3種類のRNAポリメラーゼは，それぞれ異なるRNAを合成する（表12.2）．RNAポリメラーゼIは，3種類のrRNA（28S，18S，5.8S）を転写する．RNAポリメラーゼIIは，タンパク質をコードするmRNAを主に転写する．RNAポリメラーゼIIIは，tRNAや5S rRNAなどの低分子RNAを転写する．

■ 沈降係数
沈降係数（sedimentation coefficient）は超遠心機を利用して分子または粒子の大きさを測定するときに用いられる．分子または粒子が遠心管を沈降する速度を表す値で，単位はS（スベドベリ単位）を用いる．大きな粒子はより速く沈降するので，より大きな沈降係数（S値）をもつ．

表12.2 原核生物と真核生物のRNAポリメラーゼの比較

名称	真核生物RNAポリメラーゼ			原核生物RNAポリメラーゼ
	I	II	III	
細胞内局在	核小体	核質	核質	細胞内
主な転写産物	28S rRNA 18S rRNA 5.8S rRNA	mRNA	tRNA 5S rRNA	全RNA

前節で述べたように，大腸菌では，ホロ酵素に含まれるσサブユニットがプロモーターと結合することにより，転写が開始する．一方，真核生物の3種類のRNAポリメラーゼも，大腸菌のコア酵素と同様，転写活性はあるが単独ではプロモーターに結合できない．プロモーターへの結合には，**基本転写因子**（general transcription factor）と呼ばれる一群のタンパク質の助けが必要である．

(a) RNAポリメラーゼIによる転写

RNAポリメラーゼIは核小体と呼ばれる核内の領域に局在している．RNAポリメラーゼIの転写産物は，3種類のrRNA（28S，18S，5.8S）である．核小体は，rRNAを合成し，それにリボソームタンパク質を結合させ，リボソームを構築する場である．なお，真核生物のもう一つのrRNA（5S）は，RNAポリメラーゼIIIによって転写される．

3種類のrRNAは別々に転写されるわけではない．まず，rRNA遺伝子を転写して45S rRNA前駆体を作り，そこから3種類のrRNA（28S，18S，5.8S）が切り出される（図12.9）．

■ rRNA
rRNAはリボソームタンパク質と結合し，リボソームを構成する．原核生物から真核生物まで，あらゆる生物に保存されており，生体内で最も多いRNAである．その働きについては第13章で述べる．

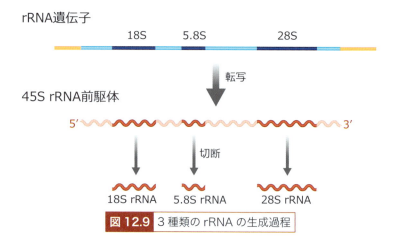

図12.9 3種類のrRNAの生成過程

　RNAポリメラーゼⅠによる転写には，UBF (upstream binding factor) とSL1と名づけられた2種類の基本転写因子が必要である．一方，rRNA遺伝子の上流には，UCE (upstream control element) と CPE (core promoter element) という転写に重要な配列がある．

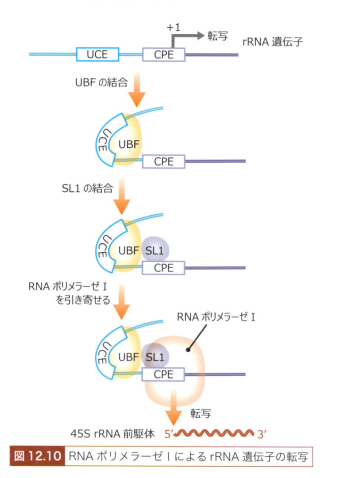

図12.10 RNAポリメラーゼⅠによるrRNA遺伝子の転写

RNA ポリメラーゼ I による転写は，次のように始まると考えられている（図12.10）．まず UBF が UCE に結合し，これにより DNA が湾曲する．SL1 が UBF と相互作用し，CPE に結合する．この SL1 が RNA ポリメラーゼ I を引き寄せ，転写が開始する．

(b) RNA ポリメラーゼ III による転写

RNA ポリメラーゼ I および II によって転写される遺伝子のプロモーターは遺伝子の上流にあるが，RNA ポリメラーゼ III によって転写される遺伝子のなかには，5S rRNA や tRNA のように，遺伝子の内部にプロモーターをもつものがある．5S rRNA 遺伝子は，次のような機構で転写される（図12.11）．

基本転写因子 TFIIIA が，まず遺伝子内部のプロモーターに結合する．次に，TFIIIA と相互作用する TFIIIC が隣接した DNA 領域に結合し，それが TFIIIB を遺伝子上に呼び寄せる．その後，TFIIIB との相互作用によって，RNA ポリメラーゼ III が転写開始点（+1）から転写を開始できるような位置に呼び寄せられ，転写が開始する．

■ **SL1**
SL1 は，TBP（TATA-binding protein）と 3 種類の TAF（TAF_I48, TAF_I68, TAF_I110）の複合体である．TAF は TBP-associated factor（TBP 関連因子）の頭文字．TATA については後述．

■ **TFIIIB**
TFIIIB は，TBP と 2 種類の TAF（$TAF_{III}70$ と $TAF_{III}170$）の複合体である．なお，TFIII は transcription factor for RNA polymerase III の略．すなわち「ポリメラーゼ III のための転写因子」の意．

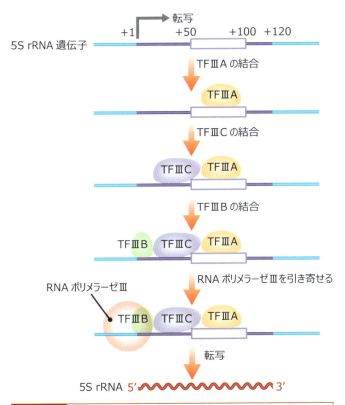

図12.11 RNA ポリメラーゼ III による 5S rRNA 遺伝子の転写

(c) RNAポリメラーゼIIによる転写

　RNAポリメラーゼIIはmRNAの遺伝子を転写する．ヒトでは，mRNAをコードする遺伝子は約22,000種類ある．これらの遺伝子のプロモーター領域によく見られる特徴的な配列の一つに，−25〜−30付近に存在する**TATAボックス**（TATA box）と呼ばれる配列がある．TATAボックスのコンセンサス配列（共通配列）は5′-TATAAA-3′で，大腸菌遺伝子の−10領域と共通性が高い（図12.6参照）．

　TATAボックスを取り除くと転写活性がほぼ失われることから，TATAボックスは転写において重要な配列と考えられていた．その後の解析から，TATAボックスにはTBPを含む基本転写因子TFIIDが結合することが明らかになった．TATAボックスをプロモーターにもつ遺伝子の転写は，次のように始まると考えられている（図12.12）．

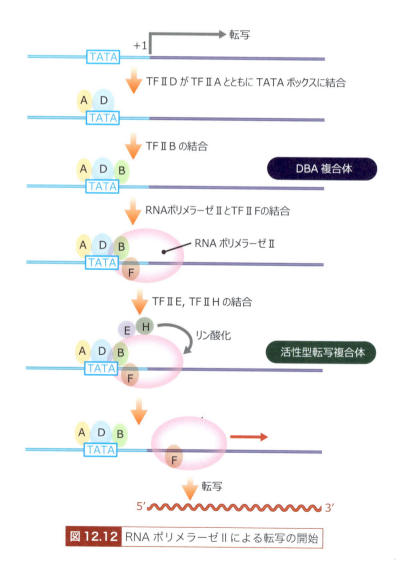

図12.12 RNAポリメラーゼIIによる転写の開始

まず TFIID が TFIIA とともに TATA ボックスに結合する．続いて TFIIB が TFIID との相互作用により，TATA ボックスの下流側に結合する．この 3 種類の基本転写因子が結合した複合体を DBA 複合体と呼ぶ．次に RNA ポリメラーゼ II が TFIIF とともに複合体に取り込まれる．最後に TFIIE と TFIIH が取り込まれ，複合体が完成する．TFIIH の構成因子の一つはプロテインキナーゼ活性をもっており，RNA ポリメラーゼ II の C 末端領域をリン酸化し，転写を開始できる状態にする．

　これまで述べてきたように，真核生物の RNA ポリメラーゼは 3 種類とも，TBP を含む基本転写因子がプロモーターに結合してはじめて，プロモーターに呼び寄せられる．すなわち，TBP は直接的または間接的に RNA ポリメラーゼを呼び寄せており，3 種類の RNA ポリメラーゼに共通の因子として転写の開始において重要な役割を担っている．

確認問題

1. 次の用語を説明しなさい．
   (1) プロモーター
   (2) σ サブユニット
   (3) ターミネーター
   (4) 基本転写因子
2. 大腸菌の RNA ポリメラーゼのホロ酵素とコア酵素の違いについて説明しなさい．
3. 真核生物の RNA ポリメラーゼ I による rRNA 遺伝子の転写について説明しなさい．
4. 真核生物の基本転写因子に含まれる TBP について説明しなさい．

Column 遺伝子工学の誕生と発展(4) ～DNAの塩基配列決定法～

　DNAの塩基配列決定法は，サンガー（Frederick Sanger）らと，マキサム（Allan Maxam）とギルバート（Walter Gilbert）によって1970年代中頃に発表された．塩基配列を決定することをシークエンシング（sequencing）という．

　マキサムとギルバートの塩基配列決定法（マキサム-ギルバート法）は，ある特定の塩基配列部分を修飾し，その修飾部位でDNA鎖を切断することに基づいた塩基配列決定法である．解析結果は安定しているが，技術的な習熟が必要であり，操作にも時間がかかる．そのため，DNA合成能の高いDNAポリメラーゼなどの登場により，サンガーらの方法が主流となっていった．

　サンガーらのDNAの塩基配列決定法（サンガー法またはジデオキシ（dideoxy）法）は，塩基配列を決定したいDNAの一方の鎖と相補的な配列のDNAを新たに合成し，合成したDNAの塩基配列を決定する方法である．この方法では，4種類のデオキシリボヌクレオチド（dNTP）のdATP, dCTP, dGTP, dTTPに1種類のジデオキシリボヌクレオチド（ddNTP）を加えて反応する．ddNTPでは，dNTPの3'の炭素原子のOH基がHになっている（図12.13）．そのため

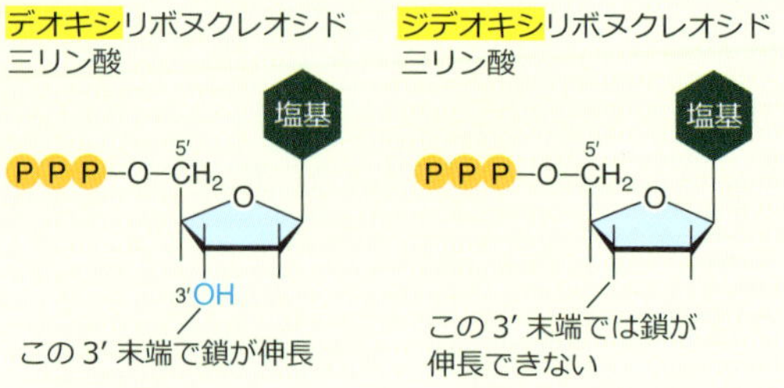

図12.13　dNTPとddNTPの比較

図12.14のように，たとえばddGTPを加えて反応させてddGTPを取り込ませると，次のdNTPとリン酸ジエステル結合を形成することができないため，DNA合成が停止する．つまり，ddGTPの取り込みによりDNA合成は停止するので，さまざまな長さのDNA断片が生じる．ポリアクリルアミドゲル電気泳動（図12.15）により，このDNA断片の大きさを解析することにより，塩基がGの位置を知ることができる．その他の3種類のddNTPについても同様の解析を行うことにより，塩基配列を決定できる．

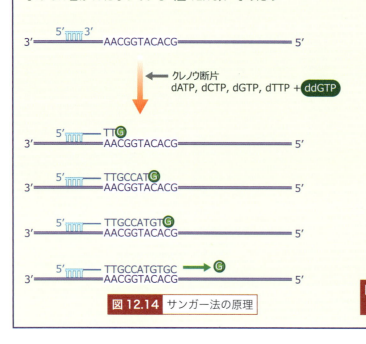

図12.14　サンガー法の原理

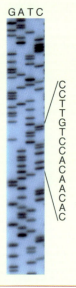

図12.15　サンガー法によるシークエンシングの結果

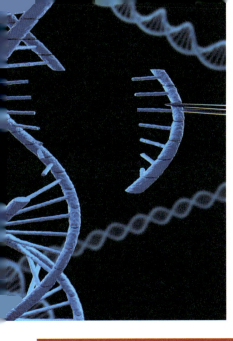

翻 訳（1）

この章で学ぶこと

細胞は DNA のもつ遺伝情報に基づいてタンパク質を作る．その際，まず DNA を転写して RNA を作り，できた RNA を翻訳してタンパク質を合成する．第 12 章で学んだように，塩基対を形成することにより，DNA の塩基配列の情報は RNA に正確に伝達される．これは，DNA も RNA も核酸であるから可能な仕組みである．しかし翻訳では，RNA のもつ塩基配列の情報をタンパク質のアミノ酸配列に変換しなければならない．本章では，どのような機構で塩基配列の情報がアミノ酸配列に変換され，タンパク質が合成されるかを学ぶ．

13.1 mRNA の構造と機能

13.1.1 mRNA の基本構造

mRNA は，タンパク質のアミノ酸配列の情報をもつ RNA である．タンパク質のアミノ酸配列は，mRNA の中央部分にコードされていて，その領域を**翻訳領域**（coding region）と呼ぶ（図 13.1）．翻訳領域の両側にはアミノ酸配列をコードしていない領域（non-coding region）があり，それぞれ **5′ 非翻訳領域**（5′-untranslated region, 5′-UTR），**3′ 非翻訳領域**（3′-untranslated region, 3′-UTR）と呼ぶ（図 13.1）．

この節のキーワード

- mRNA
- 翻訳領域
- 非翻訳領域
- コドン
- 翻訳開始コドン
- 翻訳終止コドン
- 読み枠
- 遺伝暗号
- 縮重

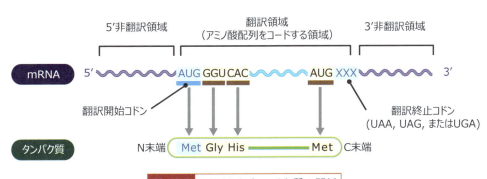

図 13.1 mRNA とタンパク質の関係

■ AUG 配列
AUG はメチオニンをコードする唯一のコドンである．そのため，AUG が翻訳領域内部に出現することもある．

翻訳領域の連続した 3 個の塩基が 1 個のアミノ酸を指定している（図 13.1）．この 1 個のアミノ酸を指定する連続した 3 個のヌクレオチドを**コドン**（codon）と呼ぶ．塩基は A, U, G, C の 4 種類なので，コドンは 4 × 4 × 4 ＝ 64 種類ある．

翻訳の開始を指定するコドン（翻訳開始コドン，initiation codon），つまり翻訳領域の最初のコドンは AUG である（まれに翻訳開始コドンとして GUG などが使われることもある）．翻訳領域は UAA，UAG，または UGA で終了する（図 13.1）．これら三つのコドンは翻訳終止コドン（termination codon）と呼ばれ，アミノ酸をコードしていない．

コドンは三つの塩基からなるので，DNA や mRNA の塩基配列から翻訳領域を探すときには，塩基配列を 3 塩基ごとに区切ることになる．塩基配列を 3 塩基ごとに区切ってできる一連の塩基の組を**読み枠**（reading frame）と呼ぶ．したがって mRNA には 3 通りの読み枠が考えられるが，そのうち一つの読み枠が実際に翻訳される．また終止コドンを含まない読み枠，つまり二つの終止コドンに挟まれた領域を**オープンリーディングフレーム**（open reading frame；ORF）と呼ぶ．ただし，翻訳開始コドンから終止コドンまでの読み枠を ORF とすることも多い．

13.1.2 原核生物と真核生物の mRNA の比較

原核生物と真核生物の mRNA を比較すると，真核生物の mRNA には 5′ と 3′ の両末端に特徴があることがわかる（図 13.2）．原核生物の mRNA の 5′ 末端は，転写で最初に取り込まれたヌクレオチドの三リン酸のままである．一方，真核生物の mRNA では，何段階かの酵素反応により 5′ 末端に 7 位がメチル化されたグアノシンが 5′–5′ 結合で付加されている（図 13.3）．この 5′ 末端の構造を**キャップ構造**（cap structure）と呼ぶ．キャップ構造は転写開始後に付

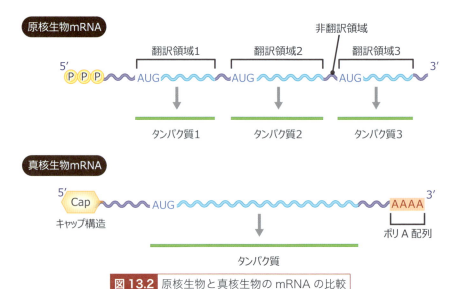

図 13.2 原核生物と真核生物の mRNA の比較

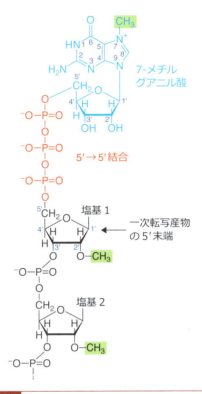

図 13.3 真核生物の mRNA の 5′ キャップ構造

加され，mRNA の安定性や翻訳に関与している (13.6 節参照)．また真核生物の mRNA の 3′ 末端には，アデニン残基だけが 100～250 個つながった**ポリA 配列** (polyA sequence) がある (図 13.2)．ポリ A 配列は転写後に付加され，mRNA の安定性や翻訳に関与している．

遺伝子である DNA と，その DNA から転写された mRNA の塩基配列を比較してみよう．原核生物の場合には，DNA と mRNA の塩基配列は連続的に対応している．一方，真核生物の場合には，連続的に対応していない場合がある (図 8.2, 8.4 参照)．DNA から転写された直後の RNA を一次転写産物と呼ぶ．真核生物の**エキソン** (exon)-**イントロン** (intron) 構造をとっている遺伝子の場合には，一次転写産物から**スプライシング** (splicing) によりイントロン配列が除かれ，エキソン配列が連結されて，成熟した mRNA が完成する．そのため，遺伝子と mRNA の塩基配列は連続的に対応していない (図 8.4 参照)．

13.1.3 遺伝暗号表

コドンとアミノ酸の対応をまとめたものが，遺伝暗号表である（表 13.1）．終止コドンが三つあるので，20 種類のアミノ酸に対して，61 種類のコドンがある．メチオニン (Met) とトリプトファン (Trp) 以外のアミノ酸は複数のコドンをもつ．このように，一つのアミノ酸に対して複数のコドンが存在すること

表 13.1 遺伝暗号表

1番目 (5'末端側)	2番目				3番目 (3'末端側)
	U	C	A	G	
U	Phe Phe Leu Leu	Ser Ser Ser Ser	Tyr Tyr 終止 終止	Cys Cys 終止 Trp	U C A G
C	Leu Leu Leu Leu	Pro Pro Pro Pro	His His Gln Gln	Arg Arg Arg Arg	U C A G
A	Ile Ile Ile Met	Thr Thr Thr Thr	Asn Asn Lys Lys	Ser Ser Arg Arg	U C A G
G	Val Val Val Val	Ala Ala Ala Ala	Asp Asp Glu Glu	Gly Gly Gly Gly	U C A G

を遺伝暗号の**縮重**（degeneracy）と呼ぶ．縮重しているコドン間では，主にコドンの3番目の塩基が異なる．

> この節のキーワード
> ・tRNA
> ・アミノアシルtRNA
> ・アンチコドン
> ・ゆらぎの塩基対

13.2 tRNAの構造と機能

13.2.1 tRNAの特徴

tRNAはおよそ70～90ヌクレオチドの長さの一本鎖の低分子RNAである（図13.4，図14.7）．細菌には30～40種類の，動物細胞や植物細胞には約50種類のtRNAがある．tRNA分子には，次のような共通の特徴がある．

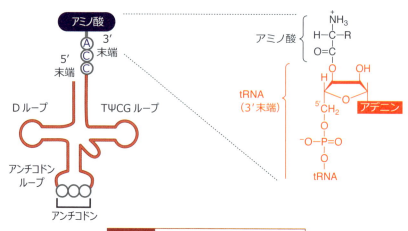

図13.4 tRNA分子とアミノ酸の結合

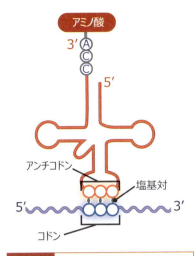

図 13.5 tRNA によるコドンの認識

- 分子内での塩基対の形成により，クローバーの葉の形の構造をとる．
- 3′ 末端の塩基配列は CCA である．
- アミノアシル tRNA 合成酵素（aminoacyl-tRNA synthetase）によって，tRNA の 3′ 末端に，tRNA ごとに特定のアミノ酸が付加される（図 13.4）．tRNA 分子とアミノ酸の結合は，tRNA の 3′ 末端のヌクレオチドの 3′ の炭素のヒドロキシ基とアミノ酸のカルボキシ基との間で形成される．アミノ酸を結合した tRNA をアミノアシル tRNA と呼ぶ．
- アンチコドンループには，三つのヌクレオチドからなる**アンチコドン**（anticodon）がある．この部分が mRNA のコドンと塩基対を形成して対合する（図 13.5）．

13.2.2　tRNA による塩基配列からアミノ酸配列への変換

　翻訳において，tRNA のアンチコドンの三つの塩基は，mRNA のコドンの三つの塩基と水素結合で塩基対を形成する（このとき，tRNA と mRNA は逆向きである）（図 13.5）．重要なのは，tRNA のアンチコドンの塩基配列は，その tRNA が付加しているアミノ酸のコドンと相補的な配列になっているということである．したがって次のように，mRNA の翻訳領域の塩基配列が，tRNA によってタンパク質のアミノ酸配列に変換される（図 13.6）．

① mRNA の翻訳領域の最初のコドンに相補的な塩基配列のアンチコドンをもつアミノアシル tRNA が，mRNA に結合する（塩基対の形成）．このアミノアシル tRNA は，最初のコドンが指定するアミノ酸をもっている．

② 同様に，mRNA の翻訳領域の 2 番目のコドンに相補的な塩基配列のアンチコドンをもつアミノアシル tRNA が，mRNA に結合する．

③ 最初のコドンに結合したアミノアシル tRNA のアミノ酸のカルボキシ基

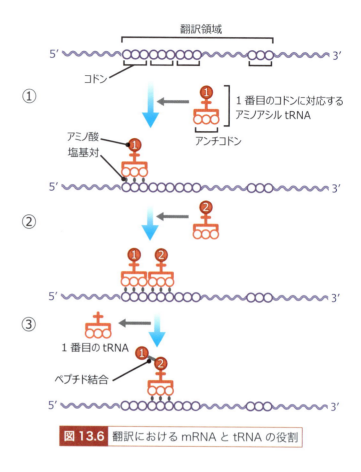

図13.6 翻訳におけるmRNAとtRNAの役割

　とtRNAとの結合が切断され，2番目のコドンに結合したアミノアシルtRNAのアミノ酸の遊離のアミノ基との間でペプチド結合が形成される．この結果，2番目のコドンに結合したtRNAに二つのアミノ酸が連結したペプチド（ジペプチド）がつながった状態になる．最初のコドンに結合していたtRNAはmRNAから離れる．

④ 続いて，一つ3'側のコドンにアミノアシルtRNAが結合し，①～③の過程が繰り返され，アミノ酸がつながっていく．

　このようにしてmRNAの翻訳領域の塩基配列に指定されたアミノ酸配列のタンパク質が合成される．mRNAの塩基配列が，tRNAを介してアミノ酸配列へ変換されるしくみが理解できただろう．細胞のなかでは，この翻訳の過程は，リボソームで正確にしかも迅速に行われている．

13.2.3　tRNAのゆらぎ

　アミノ酸を指定するコドンは61種類あるが，tRNAの種類はそれよりも少なく，細菌では30～40種類しかない．コドンの数よりも少ないtRNAが，どのようにしてすべてのコドンに対応しているのだろうか．

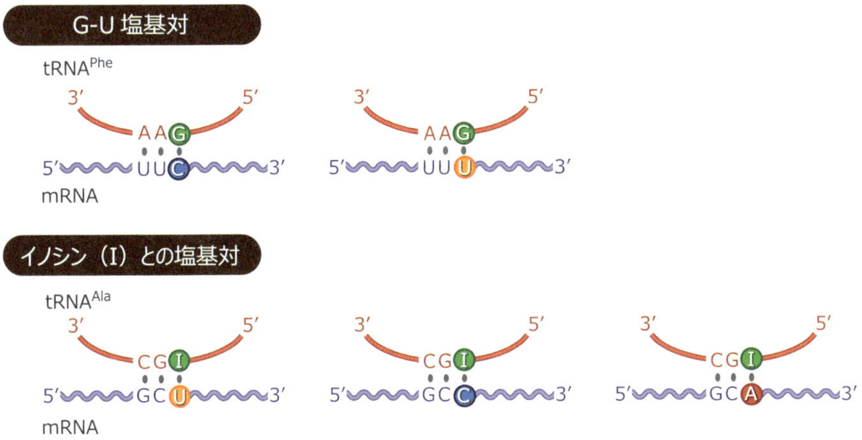

図 13.7 ゆらぎ塩基対

mRNA のコドンと tRNA のアンチコドンとの間の塩基対では，標準型の塩基対（A-U，G-C）以外の塩基対，すなわち**ゆらぎ塩基対**（wobble base pair）が使われている．ゆらぎ塩基対とは，G-U，I-U，I-A，I-C の塩基対である（図13.7）．I はイノシンという塩基である．コドンの3番目の塩基とアンチコドンの1番目の塩基との間には，他の二つの塩基対に比べて構造に多少のゆとりがあるので，ゆらぎ塩基対の形成が可能になる．このような仕組みで，1種類の tRNA 分子が数種類のコドンに対応することができる．

たとえば，5′-GAA-3′ のアンチコドンをもつ tRNA^{Phe} は，G-U 塩基対により，フェニルアラニンをコードする UUC のコドンだけでなく，UUU のコドンにも対応する（図13.7）．また，5′-IGC-3′ のアンチコドンをもつ tRNA^{Ala} は，イノシンによる塩基対を用いて，アラニンをコードする GCU，GCC，GCA の三つのコドンに対応する（図13.7）．

■ **tRNA^{Ala} の記号の意味**
それぞれの tRNA は 20 種類のアミノ酸のうちの1種類に対して特異的なので，たとえばアラニンに特異的な tRNA 分子は tRNA^{Ala} と表記する．アミノアシル tRNA 合成酵素であるアラニル tRNA 合成酵素が，アミノ酸のアラニンとアラニン専用の tRNA である tRNA^{Ala} を認識して，アラニル tRNA^{Ala} を生成する

13.3 大腸菌における翻訳

13.3.1 リボソーム

リボソーム（ribosome）はタンパク質合成の場であり，あらゆる生物の細胞に存在する．原核生物のリボソームも真核生物のリボソームも，大きいサブユニットと小さいサブユニットからなる（図13.8）．それぞれのサブユニットは，rRNA とタンパク質の複合体である．

13.3.1 翻訳の開始
(a) mRNA へのリボソームの結合

大腸菌において，翻訳は mRNA にリボソームの小さいサブユニット（30S サブユニット）が結合することにより開始する（図13.9）．mRNA の翻訳開始コドンのすぐ上流には，**リボソーム結合部位**（ribosome binding site，シャ

この節のキーワード
・リボソーム
・リボソーム結合部位（シャイン-ダルガーノ配列）
・翻訳開始コドン
・A 部位
・P 部位
・ペプチジルトランスフェラーゼ活性
・トランスロケーション
・終止コドン
・終結因子

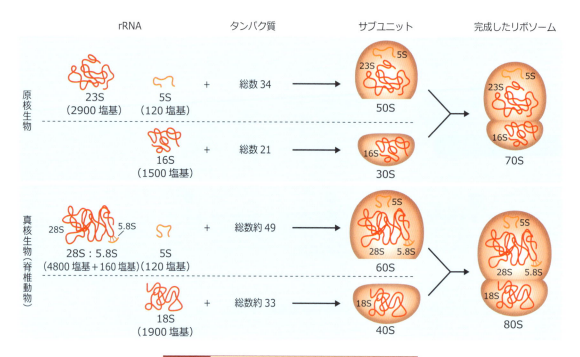

図 13.8 原核生物と真核生物のリボソームの比較

イン-ダルガーノ配列，Shine-Dalgarno sequence とも呼ばれる）が存在する．リボソーム結合部位のコンセンサス配列は 5'–AGGAGGU–3' である．この

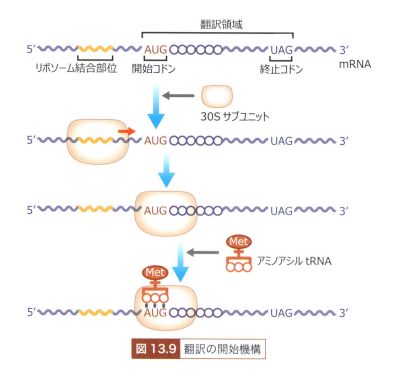

図 13.9 翻訳の開始機構

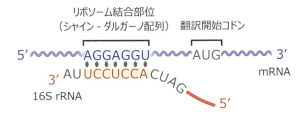

図 13.10 リボソーム結合部位と 16S rRNA の 3' 末端部分との塩基対形成

配列は 30S サブユニットに含まれる 16S rRNA の 3' 末端近くにある相補的な配列と塩基対を作る（図 13.10）．つまり，16S rRNA がリボソーム結合部位と塩基対を形成することにより，30S サブユニットが mRNA に結合する．

(b) 開始複合体の形成

リボソーム結合部位に結合した 30S サブユニットは，その後，翻訳開始コドン AUG に出会うまで，mRNA を 3' 側（下流）に移動する（図 13.9）．30S サブユニットが開始コドンまで移動すると，メチオニンを結合した tRNA（メチオニル tRNA^{Met}）が開始コドンに結合する．開始コドンに結合する tRNA（tRNAi と記すこともある，i は initiation（開始）の意味）は，翻訳領域内部の AUG に結合するメチオニル tRNA^{Met} とは異なる tRNA である．原核生物では，開始コドンに結合するメチオニル tRNA^{Met} のメチオニンは，アミノ基にホルミル基が結合した N-ホルミルメチオニン（fMet）である．mRNA，30S サブユニット，N-ホルミルメチオニル tRNA^{fMet} からなる構造体を**開始複合体**（initiation complex）と呼ぶ．

13.3.2　翻訳の伸長

開始複合体が形成されると，GTP の加水分解によるエネルギーを利用して，開始複合体に 50S サブユニットが結合し，翻訳反応が可能な 70S リボソームとなる（図 13.11）．70S リボソームには tRNA 結合部位が 3 カ所あり，右側から順に A（アミノアシル）部位（aminoacyl site），P（ペプチジル）部位（peptidyl site），E（exit，出口）部位（exit site）と並んでいる（図 13.11）．A 部位はアミノアシル tRNA が，P 部位はペプチド鎖を結合した tRNA（ペプチジル tRNA）が結合する場所である．

翻訳開始の段階では，開始コドンと塩基対を作った N-ホルミルメチオニル tRNA^{fMet} が P 部位を占めている．A 部位は翻訳領域の 2 番目のコドンに位置し，まだ空の状態である（図 13.11）．その後，翻訳は次のように進行する（図 13.12）．

① 2 番目のコドンと相補的なアンチコドンをもつアミノアシル tRNA が

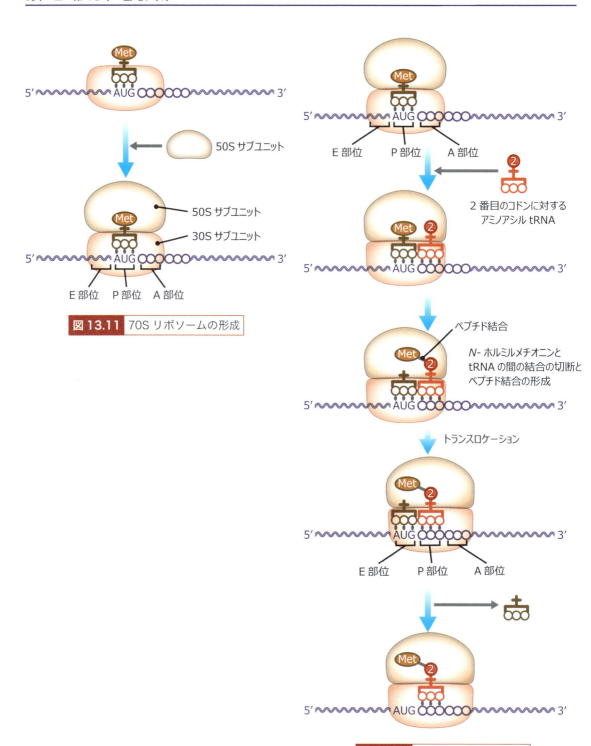

図 13.11 70S リボソームの形成

図 13.12 ポリペプチド鎖の合成

A部位に結合する（図13.12）．この反応には，EF-Tuという**伸長因子**（elongation factor）とGTPによるエネルギーが必要である．

② 70SリボソームのA部位とP部位のtRNA結合部位にアミノアシルtRNAが並ぶと，P部位のN-ホルミルメチオニンとtRNAの間の結合が切断され，N-ホルミルメチオニンのカルボキシ基とA部位のアミノ酸のアミノ基との間でペプチド結合が形成される（図13.12）．この反応は，50Sサブユニットに含まれる23S rRNAが担っているペプチジルトランスフェラーゼ（peptidyl transferase）活性によって行われる．その結果，A部位のtRNAにジペプチドが結合した状態になる．

③ 次に，リボソームがmRNA上を1コドン分（3ヌクレオチド分）3′側に移動する．A部位にあったtRNAはP部位に移動する．P部位にあったtRNAはE部位に移動し，mRNAから離れる．この過程を**トランスロケーション**（translocation）と呼ぶ．

④ 空いたA部位は，アミノアシルtRNAが結合できる状態に戻る．A部位に終止コドン（UAA，UAG，UGAのいずれか）がくるまで，①～③が繰り返され，ポリペプチド鎖が合成される．

13.3.3 翻訳の終結

翻訳はA部位に終止コドンがくると終結する．終止コドンと塩基対合できるアンチコドンをもつtRNAはない．リボソームのA部位に終止コドンのいずれかがくると，**終結因子**（release factor）と呼ばれるタンパク質がA部位に結合し，P部位のtRNAから完成したタンパク質が切り離される（図13.13）．その後，リボソームはmRNAを放出し，30Sと50Sの二つのサブユニットに解離し，新たなタンパク質合成に加わる．

13.4 真核生物における翻訳開始機構

真核生物における翻訳も，基本的には大腸菌（原核生物）と同様の機構で行われる．大きく異なる点は，リボソームがmRNAに結合する方法である．前節で述べたように，原核生物では，リボソームの小さいサブユニットが翻訳開始コドンのすぐ上流にあるリボソーム結合部位に結合する．それに対して真核生物では，リボソームの小さいサブユニット（40Sサブユニット）がmRNAの5′末端のキャップ構造に結合する（図13.13）．真核生物におけるmRNAへのリボソームの結合は，次のように行われる．

① リボソームの40Sサブユニットに，**開始因子**（<u>e</u>ukaryotic <u>i</u>nitiation <u>f</u>actor，eIFと略す）と呼ばれるタンパク質（eIF2，eIF3など）とメチオニル-tRNAi（翻訳開始コドンに対応するメチオニンを結合したtRNA）が結合する．真核生物では，原核生物とは異なり，メチオニンはN-ホル

この節のキーワード
・キャップ構造
・開始因子

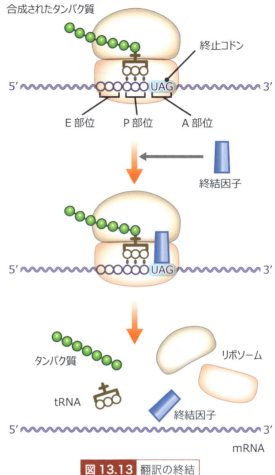

図13.13 翻訳の終結

ミル化されていない．
② 一方，mRNAの5′末端のキャップ構造には，開始因子のeIF4Eと eIF4Gが結合する．
③ ①のリボソームの40Sサブユニットの複合体に含まれるeIF3と， mRNAのキャップ構造に結合したeIF4Gとが結合することにより，リ ボソームがmRNAのキャップ構造に結合する．
④ mRNAに結合したリボソームは，mRNAを3′方向に移動し，翻訳開始 コドンを見つける．通常，最も5′側のAUGが翻訳開始コドンとして選 択される．

確認問題

1. 次の用語を説明しなさい．
   (1) 翻訳領域

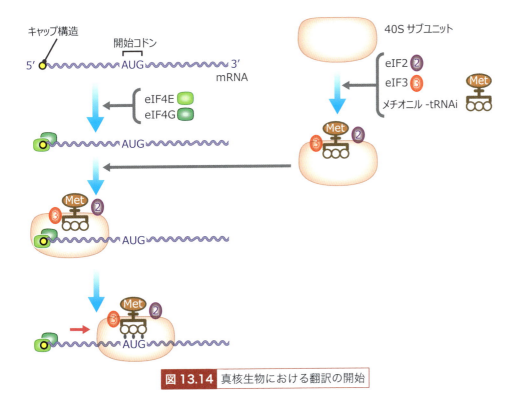

図 13.14 真核生物における翻訳の開始

(2) キャップ構造
(3) アンチコドン
(4) アミノアシル tRNA
(5) トランスロケーション
(6) 終結因子

2. 原核生物および真核生物における mRNA へのリボソームの結合の仕方を説明しなさい．
3. 遺伝暗号のうち，アミノ酸をコードしているコドンは 61 種類あるが，それより少ない種類の tRNA で十分なのはなぜか．

Column 遺伝子工学の誕生と発展(5) 〜PCR〜

現在の分子生物学において不可欠の実験手法となっているポリメラーゼ連鎖反応（polymerase chain reaction, PCRと略す）は 1985 年に発表された．DNAポリメラーゼによるDNA合成を繰り返すことにより，目的のDNA領域を大量に増幅する技術である．

鋳型となる二本鎖DNAと，増幅したい領域の両側に設計したプライマー用のDNAオリゴヌクレオチドを混ぜて 95 ℃に加熱すると，鋳型の二本鎖DNAは変性して，一本鎖に解離する．続いて 30 ℃に冷却すると，図 13.15 のように，DNAオリゴヌクレ

オチドは鋳型鎖に塩基対を作って結合する（これをアニールという）．その後，DNA ポリメラーゼ（大腸菌の DNA ポリメラーゼ I 由来のクレノウ断片（Klenow fragment）を使用）と dATP，dCTP，dGTP，dTTP を加えて 37 ℃で反応すると，アニールした DNA オリゴヌクレオチドをプライマーとして，鋳型鎖と相補的な DNA が合成される．その結果，目的の領域の DNA 量が倍加する．したがって，この「DNA 変性 → アニール → DNA 合成」のサイクル（図 13.16 参照）を n 回繰り返せば，理論的には目的の領域の DNA 量を 2^n 倍に増幅できる．

　実際，1985 年に発表された論文では，鎌状赤血球症にかかわる β グロビンの変異部位を含む領域を，1 μg 以下のゲノム DNA から増幅し，それを用

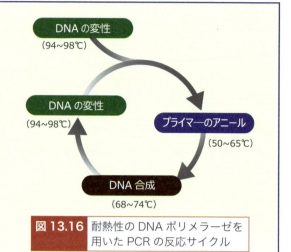

図 13.16 耐熱性の DNA ポリメラーゼを用いた PCR の反応サイクル

いて診断できることを示している．しかし，この方法で DNA ポリメラーゼとして用いたクレノウ断片は，「DNA 変性」の 95 ℃に加熱するステップで失活してしまうので，「アニール」ごとにクレノウ断片を新たに添加する必要があった．

　この欠点を解決するために用いられたのが，好熱菌から単離された DNA ポリメラーゼであった．1988 年の論文では，熱水噴出口に生息している好熱性の細菌テルムス・アクウァーティクス（*Thermus aquaticus*）から単離した Taq DNA ポリメラーゼが用いられた．この耐熱性の DNA ポリメラーゼは「DNA 変性」のステップでもほとんど失活せず，反応の最初で加えておくだけでよい（いちいち添加する必要がない）ので，反応を自動化することが可能になった．また，Taq DNA ポリメラーゼの至適反応温度が 72 ℃なので，プライマーを 50 〜 60 ℃の至適温度でアニールすることが可能になり，プライマーの非特異的なアニールを防げるようになったため，クレノウ断片に比べ，特異的かつ大量に目的の領域を増幅できるようになった．

　現在では，PCR は DNA シークエンシング，塩基配列の改変，cDNA を用いた RNA の検出・定量や DNA の多型解析などさまざまな用途で活用されている．

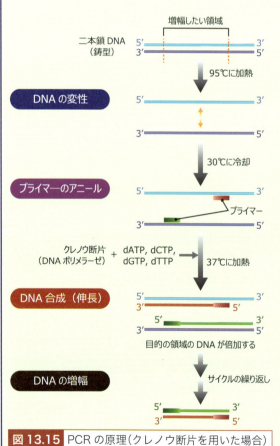

図 13.15 PCR の原理（クレノウ断片を用いた場合）

第14章

翻訳（2）

この章で学ぶこと

1950年代に遺伝子の実体がDNAであることが明らかになり，さらにクリックにより，DNAがもつ遺伝情報が「DNA→RNA→タンパク質」と伝達されるという概念（セントラルドグマ）が発表された．その後，tRNAと，それに続いてmRNAが発見され，あたかもセントラルドグマを証明するような流れで分子生物学は急速に発展した．本章では，そのような研究の流れにおいて，翻訳における遺伝暗号（genetic code）と翻訳の方向性がどのように解明されたかを学ぶ．

14.1 遺伝暗号解読までの研究の背景

14.1.1 一遺伝子一酵素説

20世紀の初めにサットンが染色体説を提唱し，遺伝子は染色体に存在すると考えられるようになった．それ以来長い間，遺伝子の実体はタンパク質であると考えられていた（第9章参照）．遺伝子の実体がDNAであることが受け入れられるようになったのは，1944年にアベリーらが肺炎双球菌の形質転換実験により形質転換物質がDNAであることを示し，さらに1952年にハーシーとチェイスがファージの遺伝物質がDNAであることを証明してからである（表14.1）．

遺伝子とタンパク質の関係については，20世紀初めにギャロッドが，ヒトのアルカプトン尿症は劣性遺伝する遺伝病で，遺伝子が変異すると酵素の活性が失われ，病気が発症することを報告している．1945年にはビードルとテータムが，アカパンカビにX線を照射し，分離した栄養要求変異株の一つがビタミンB_6の合成に欠陥をもち，その欠陥は遺伝子の変異によることを示した．これにより遺伝子と酵素（タンパク質）に1対1の関係があることがわかり，ホロウィッツが後にこの考え方を**一遺伝子一酵素説**（one gene - one enzyme hypothesis）と命名した．当時，ビードルとテータムは，遺伝子は酵素として直接働くか，あるいは酵素の特異性を決定することにより，代謝過程の特定の反応を制御すると考えていた．1944年にアベリーらの論文が発表されていた

この節のキーワード

・一遺伝子一酵素説
・アダプター仮説
・セントラルドグマ

Biography

Norman H. Horowitz
1915～2005．ピッツバーグ生まれのアメリカの遺伝学者．1970年代にNASAが行った火星探査計画であるバイキング計画の中心人物の一人．火星のホロウィッツ・クレーターは彼にちなんで名づけられたものである．

表 14.1 遺伝暗号表が完成するまでの主な出来事

年	出来事
1908 年	アルカプトン尿症が劣性遺伝をする遺伝病であることを発見した(ギャロッド)
1944 年	形質転換物質が DNA であることを発見する(アベリー, マクロード, マッカーシー)
1945 年	アカパンカビの変異株の実験から一遺伝子一酵素説を提唱する(ビードル, テータム)
1952 年	ファージの遺伝物質が DNA であることを証明する(ハーシー, チェイス)
	「タンパク質合成の鋳型は RNA である」という核酸の鋳型仮説を発表する(ダウンス)
1953 年	DNA の二重らせん構造モデルが発表される(ワトソン, クリック)
1955 年	アダプター仮説を発表する(クリック)
	試験管内での RNA の酵素合成に成功する(グリュンベール−マナゴ, オチョア)
1956 年	遺伝子発現に関するセントラルドグマを発表する(クリック)
	DNA ポリメラーゼを発見する(A. コーンバーグら)
1958 年	tRNA を発見する(ザメクニックら)
1959 年	リボソームがタンパク質合成の場であることを証明する(マキレンら)
1961 年	mRNA が発見される(ブレナーら, スピーゲルマンら)
	RNA ポリメラーゼが分離される(ヴァイスら)
	タンパク質合成が N 末端から C 末端に進むことを証明する(ディンツィス)
	無細胞タンパク質合成系で人工合成 RNA からポリペプチドの合成に成功する(ニーレンバーグ, マタイ)
	遺伝暗号の共通性を示す(エアレンスタインら)
	「遺伝暗号のトリプレット説」を発表する(クリックら)
1965 年	規則的な繰り返し配列の人工合成 RNA を用いて遺伝暗号を解読する(コラーナら)
	アラニン tRNA の全塩基配列を決定する(ホーリーら)
1966 年	遺伝暗号表が完成する

が, 依然として, 遺伝子はタンパク質であると考えられていたことが窺える. 1950 年代になり, 遺伝子の実体が DNA であることが明らかになると, 「一遺伝子一酵素説」の考えに基づいて, DNA の構造のなかに, タンパク質の構造を決定する情報が組み込まれていると考えられるようになった.

14.1.2 遺伝情報の流れ

1952 年にダウンスは, DNA が詰まっている核ではなく, RNA が豊富な細胞質でタンパク質が合成されるという事実に基づき, 「核酸の鋳型仮説」を発表した. このなかでダウンスは, DNA が RNA 合成の鋳型として働き, RNA がタンパク質合成の鋳型として働くと推論している.

1955 年にクリックが, tRNA の存在を予言した**アダプター仮説**(adaptor hypothesis)を発表した. 核酸の塩基配列の情報をタンパク質のアミノ酸配列に変換する仕組みとして, それぞれのアミノ酸に特有のアダプター分子が存在し, アミノ酸を結合したアダプター分子がタンパク質のアミノ酸配列の情報をもつ核酸(DNA または RNA)に結合することにより, タンパク質合成が行われると考えた. アダプター分子の候補としては, 低分子 RNA が考えられた. なぜなら, RNA は核酸と結合できるからである. 実際 1958 年に, ホーグランドとザメクニックによって, アダプター分子として tRNA が発見され

Biography
Alexander L. Dounce
1909 〜 1997, ニューヨーク生まれのアメリカの生化学者. DNA を鋳型にして RNA が合成されることだけでなく, DNA の塩基配列がアミノ酸を規定していることも推論していた. ダウンス型ホモジナイザーにその名が残っている.

た．1956年にクリックは，遺伝情報の流れに関するセントラルドグマを発表していた．つまり，DNAの情報がまずRNAに転写され，そのRNAを鋳型にしてタンパク質が合成されるという説である．1959年にはタンパク質合成の場がリボソームであることが明らかになり，1961年にはmRNAが発見された．このようにして，セントラルドグマがほぼ証明された．

次に解明すべき謎は，塩基配列とアミノ酸の関係であった．最初のコドンが明らかになったのは1961年のことであった．DNAまたはRNAの塩基配列とタンパク質のアミノ酸配列を解析する技術があれば，遺伝暗号は簡単に解読できるが，そのような技術がまだなかった時代に，遺伝暗号はどのようにして解読されたのだろうか．

14.2 遺伝暗号の解読

14.2.1 RNAの人工合成

1955年にオチョアは酢酸菌（*Azotobacter Vinelandii*）から抽出したポリヌクレオチドホスホリラーゼ（polynucleotide phosphorylase）を用いて，試験管内でIDP（イノシン5'-二リン酸）を重合させ，ポリヌクレオチド（ポリイノシン酸，polyI）を合成することに成功した．また，ADPやUDPからのポリヌクレオチド（polyA，polyU）の合成にも成功した．

この人工的に合成されたポリヌクレオチド，すなわち人工合成RNAを用いて，最初のコドンが解読された．次項でそれを解説する．

14.2.2 無細胞タンパク質合成系を用いた遺伝暗号の解明

ニーレンバーグとマタイは，活発に増殖している大腸菌をすりつぶし，DNA分解酵素でDNAを分解してから，遠心分離により細胞壁などを取り除き，リボソームやtRNAを含む抽出液を調製した．この抽出液に20種類のアミノ酸（そのうちの一つのアミノ酸として，放射性同位体で標識したアミノ酸を用いた）やATPを加え，さらにRNAを加えて37℃で反応し，タンパク質の合成について解析した．

この無細胞タンパク質合成系に，ポリヌクレオチドホスホリラーゼを用いて人工合成したpolyUと，^{14}Cで放射性標識したフェニルアラニン（^{14}C-Phe）とを加えて反応したところ，合成されたタンパク質に^{14}Cが取り込まれるのが観察された．合成されたタンパク質は，フェニルアラニンだけからなるポリペプチド（ポリフェニルアラニン）であった（図14.1）．一方，人工合成したpolyAやpolyIを用いた場合には，^{14}C-Pheの取り込みは観察されなかった．この結果からニーレンバーグは，大腸菌の無細胞タンパク質合成系でpolyUがmRNAとして働き，ポリフェニルアラニンが作られたと考えた（1961年）．なお，この論文を発表した時点では，遺伝暗号がトリプレット（連続した三つの塩基の組合せ）であることはわかっていなかったため，ニーレンバーグは一

この節のキーワード

・人工合成RNA
・無細胞タンパク質合成系
・トリプレット

Biography

Severo Ochoa de Albornoz

1905～1993，スペインのルアルカ生まれのアメリカの生化学者．スペインの神経学者カハールの考えに刺激を受けて生化学に興味をもった．スペインの大学で学んだ後，1941年にアメリカに移住．1956年にアメリカ国籍を取得した．A. コーンバーグとともに1959年にノーベル生理学・医学賞受賞．

Biography

Marshall W. Nirenberg

1927～2010，ニューヨーク生まれのアメリカの遺伝学，分子生物学者．本文に示した研究は，NIH（National Institutes of Health）で行われた．ホリー，コラナとともに1968年にノーベル生理学・医学賞受賞．

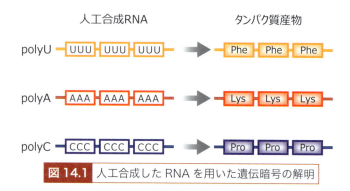

図 14.1 人工合成した RNA を用いた遺伝暗号の解明

つまたは複数の U がフェニルアラニンの遺伝暗号と思われると論文に記載している．

同年（1961年）に，クリックらによって，遺伝暗号がトリプレットであることが示された（14.2.6項参照）．その結果，ニーレンバーグらの実験結果から，UUU がフェニルアラニンの遺伝暗号であると結論づけられた．

さらに，polyA や polyC を用いて同様の実験を行い，AAA がリシンの，CCC がプロリンのコドンであることが明らかになった（図14.1）．

このニーレンバーグの実験を読んだときに奇異に感じた人がいるかもしれない．第13章で学んだように，大腸菌での翻訳では，まず小さいリボソームが mRNA の翻訳開始コドン AUG の上流にあるリボソーム結合部位（シャイン－ダルガーノ配列）に結合し，その後，mRNA を 3′ 方向に移動し，AUG からタンパク質を合成する．polyU などの RNA はリボソーム結合部位や翻訳開始コドンなどの翻訳開始に必要なシグナルをもたないのに，なぜ翻訳が行われたのだろうか．ニーレンバーグの実験は試験管で行われたため，細胞内とは異なり，polyU などの RNA にリボソームが結合できるほど高濃度であり，そのためタンパク質が合成されたと考えられる．

14.2.3　ランダムな配列の RNA を用いた遺伝暗号の解読

無細胞タンパク質合成系と人工合成 RNA を用いて，遺伝暗号を解明できることが明らかになると，遺伝暗号解読の競争は激化した．複数種類のヌクレオシド二リン酸を混ぜて，ポリヌクレオチドホスホリラーゼで RNA を合成して無細胞タンパク質合成系に加え，生成したポリペプチドに取り込まれたアミノ酸を解析し，コドンの解読が行われた．

たとえば，ADP と CDP を 5：1 の比で混ぜて合成したランダムな配列の RNA を用いた場合には，タンパク質にはアスパラギン，グルタミン，ヒスチジン，リシン，プロリン，トレオニンが取り込まれた（表 14.2）．この RNA には AAA，AAC，ACA，CAA，ACC，CAC，CCA，CCC の8種類のコドンが含まれる．それぞれのコドンの出現頻度は計算上，表 14.3 のようになる．14.1.2 項で学んだように，AAA がリシン，CCC がプロリンのコドンである

表 14.2 タンパク質へのアミノ酸の取り込み

アミノ酸	アミノ酸の取り込み（相対値）
アスパラギン	30
グルタミン	44
ヒスチジン	9.1
リシン	100
プロリン	5.4
トレオニン	23

表 14.3 計算上のトリプレットの出現頻度

トリプレット	出現頻度
AAA	100
AAC, ACA, CAA	20
ACC, CAC, CCA	4
CCC	0.8

ことはわかっていたので，アミノ酸の取り込みとトリプレットの出現頻度から，アスパラギン，グルタミン，トレオニンは二つのAと一つのCでコードされ，ヒスチジンは一つのAと二つのCでコードされると考えられた．また，プロリンはCCCに加えて，一つのAと二つのCでもコードされていると考えられた．しかしこのような実験では，コドンに含まれる塩基の比がわかるだけで，コドンの塩基配列を決定することはできなかった．

14.2.4 アミノアシル tRNA の結合によるコドンの同定

ニーレンバーグらは，mRNAと結合したリボソームにアミノアシルtRNAが特異的に結合することを，次の方法を利用して示した．アミノアシルtRNAはニトロセルロースのろ紙を通過するが，リボソームはろ紙に結合する（図14.2）．^{14}Cで標識したフェニルアラニンが結合したtRNA（^{14}C-Phe-tRNA）をリボソームと混ぜてから，ニトロセルロースのろ紙でろ過すると，^{14}C-Phe-tRNAはろ紙を通過した．一方，フェニルアラニンのコドンのUUUの繰り返し配列のpolyUと^{14}C-Phe-tRNAをリボソームと混ぜてから，ニトロセル

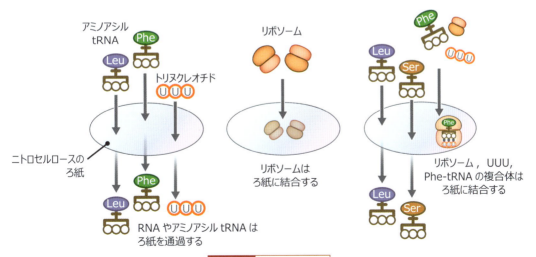

図 14.2 コドンの同定

UUUトリヌクレオチドによるフェニルアラニルtRNAのリボソームへの結合．

ロースのろ紙でろ過すると，ろ紙上に ^{14}C が検出され，^{14}C-Phe-tRNA がリボソームに結合したことが確認された（図 14.2）．polyU の代わりに polyA や polyC を用いた場合には，^{14}C-Phe-tRNA はろ紙を通過した．すなわち，リボソームに結合しなかった．この結果から，アミノアシル tRNA は，リボソームに結合した mRNA にコドン配列(UUU)を介して結合すると考えられた．

さらに，^{14}C-Phe-tRNA のリボソームとの特異的な結合には UUU のトリヌクレオチドで十分であることが明らかになった（図 14.2）．同様の方法で，AAA によってリシンを結合した tRNA がリボソームに結合し，CCC によってプロリンを結合した tRNA がリボソームに結合することも確認された．実際の実験では理論通りにうまくいかない場合もあったが，同様の方法で，ニーレンバーグらは 64 のコドンのうち約 50 のコドンを解明した．

14.2.5 規則的な繰り返し配列の RNA を用いた遺伝暗号の解読

コラーナらは有機化学的方法と酵素反応を組み合わせて，長い繰り返し配列の RNA を合成する方法を開発した（図 14.3）．まず dATP と dCTP を DCC（dicyclohexylcarbodiimide）という試薬を使って結合し，ジヌクレオチドの AC を作る．次に AC を DCC で反応して AC どうしを連結し，生成物から AC が五つ結合した $(AC)_5$ を精製した．同様にして $(GT)_5$ も作る．$(AC)_5$ と $(GT)_5$ は互いに相補的なので，$(AC)_5$ と $(GT)_5$ を DNA ポリメラーゼと 4 種類の dNTP（dATP, dCTP, dGTP, dTTP）と混ぜて反応させると，AC の繰り返し配列と GT の繰り返し配列とからなる長い二本鎖 DNA を作ることができる．この二本鎖 DNA に RNA ポリメラーゼと ATP と CTP を加えて反応

Biography

Har Gobind Khorana
1922～2011．インド生まれのアメリカの分子生物学者．ヒンズー教徒の両親の元に生まれ，インドの大学を卒業後，1945 年にイギリスに渡った．オリゴヌクレオチドの合成と DNA リガーゼの単離に世界ではじめて成功した．ニーレンバーグ，ホリーとともに，1968 年にノーベル生理学・医学賞を受賞．

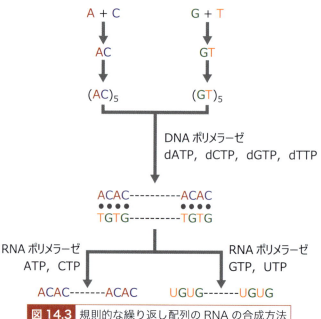

図 14.3 規則的な繰り返し配列の RNA の合成方法

表 14.4 合成した繰り返し配列の RNA（一部）と生成したポリペプチド

合成 RNA	生成したポリペプチド
Poly-UC	セリンとロイシンが交互に並んだポリペプチド
Poly-AG	アルギニンとグルタミン酸が交互に並んだポリペプチド
Poly-UG	バリンとシステインが交互に並んだポリペプチド
Poly-AC	トレオニンとヒスチジンが交互に並んだポリペプチド
Poly-UUC	フェニルアラニンだけからなるポリペプチド
	セリンだけからなるポリペプチド
	ロイシンだけからなるポリペプチド
Poly-AAG	リシンだけからなるポリペプチド
	グルタミン酸だけからなるポリペプチド
	アルギニンだけからなるポリペプチド
Poly-UUG	システインだけからなるポリペプチド
	ロイシンだけからなるポリペプチド
	バリンだけからなるポリペプチド
Poly-CAA	グルタミンだけからなるポリペプチド
	トレオニンだけからなるポリペプチド
	アスパラギンだけからなるポリペプチド
Poly-UAUC	チロシン，ロイシン，セリン，イソロイシンが並んだポリペプチド
Poly-UUAC	ロイシン，ロイシン，トレオニン，チロシンが並んだポリペプチド

すると，GT の繰り返し配列の DNA 鎖が鋳型となり，AC の繰り返し配列の長い RNA が合成される．ATP と CTP の代わりに，GTP と UTP を加えて RNA ポリメラーゼと反応すれば，UG の繰り返し配列の長い RNA が合成される．1965 年にコラーナらは，このようにして合成した規則的な繰り返し配列の RNA を用いて遺伝暗号の解読を行った（表 14.4 参照）．

たとえば，AC の繰り返し配列（…ACACACACAC…）の RNA（Poly-AC）を大腸菌の無細胞タンパク質合成系に加えると，トレオニンとヒスチジンが交互に並んだポリペプチドが生成した（図 14.4）．この RNA には ACA と CAC のコドンが交互に出現するので，一方がトレオニンのコドンで，他方がヒスチ

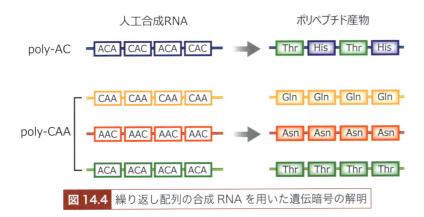

図 14.4 繰り返し配列の合成 RNA を用いた遺伝暗号の解明

ジンのコドンである．

さらに，CAA の繰り返し配列（…CAACAACAAC…）の RNA（Poly-CAA）を用いた場合には，トレオニンだけからなるポリペプチド，アスパラギンだけからなるポリペプチド，グルタミンだけからなるポリペプチドの 3 種類のポリペプチドが生成した（図 14.4）．この RNA には 3 通りの読み枠を考えることができるが，それぞれの読み枠は同じコドン（CAA，AAC，または ACA）の繰り返しになっている．したがって，CAA，AAC，ACA のどれかがそれぞれトレオニン，アスパラギン，グルタミンのコドンと考えられる．

Poly-AC と Poly-CAA に共通なコドンは ACA で，ポリペプチド産物で共通なアミノ酸はトレオニンなので，ACA がトレオニンのコドンであると結論された．さらに，CAC がヒスチジンのコドンであることも決定できた．

こうして，1966 年に遺伝暗号表（表 13.1）が完成した．

14.2.6　遺伝暗号のトリプレット説

これまで，三つの塩基がひと組となって一つのアミノ酸をコードしているとして話を進めてきた．しかし，このことがクリックらによって実験的に示されたのは，ニーレンバーグらが無細胞タンパク質合成系で polyU からポリフェニルアラニンが合成されることを示した 1961 年であった．

アミノ酸は 20 種類あるが，塩基は 4 種類しかない．塩基二つの組合せは 4 × 4 ＝ 16 通りで，20 には足りない．塩基三つの組合せ（トリプレット，triplet）なら 4 × 4 × 4 ＝ 64 通りなので，20 種類のアミノ酸を指定するのに十分である．しかし，これだとトリプレットの数のほうがずいぶん多いので，複数のトリプレットに対応するアミノ酸が存在するか，またはアミノ酸をコードしないトリプレットが存在すると考えられた．

クリックらは T4 ファージの *rII* 遺伝子の領域に変異をもつ変異株を用いて実験を行った．これらの変異株は，ゲノム DNA の塩基が一つ挿入または欠損していると考えられた．図 14.5 のように，仮にコドンが 3 塩基からなり，野生株の DNA の塩基配列が ABC という 3 塩基のコドンの繰り返しであったとする．一つの塩基の挿入（図 14.5 b）または欠失（図 14.5 c）が起こると，その下流では翻訳領域の読み枠がずれるため，野生型と同じアミノ酸配列のタンパク質を作ることができなくなる．T4 ファージの場合，2 種類の変異株を同時に大腸菌に感染させることにより，両方の変異をもつ二重変異株を得ることができる（図 14.6）．一塩基挿入の変異株（図 14.5 b）と一塩基欠失の変異株（図 14.5 c）をかけ合わせると，ある頻度で野生株に近い性質のファージが得られた．それは，かけ合わせで生じた二重変異株（図 14.5 d）では，変異の下流から野生型と同じ読み枠に戻り，タンパク質の機能が回復することがあるためと考えられた．同様の方法で作製した二重変異株や三重変異株の解析から，二つの塩基の挿入または欠失では野生株は出現しないが，三つの塩基の挿入（図 14.5 e）または欠失では野生株に近い性質のファージが出現することが明らか

■**野生型**
遺伝子が変異していないもののこと．本文の例の場合は，図 14.5 (a)．

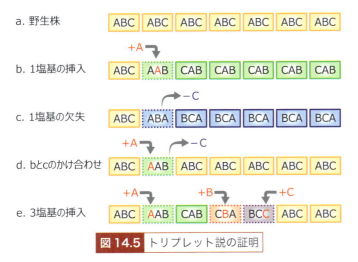

図14.5 トリプレット説の証明

になった．この結果は，コドンが3塩基であることを示しており，クリックらは1961年に「遺伝暗号のトリプレット説」を提唱した．

1960年代には，DNAの塩基配列を決定することや，特定のDNAがコードするタンパク質のアミノ酸配列を決定することはできなかった．遺伝暗号がトリプレットであることは，14.2.5項のコラーナの実験により具体的に示された（表14.4，図14.4参照）．

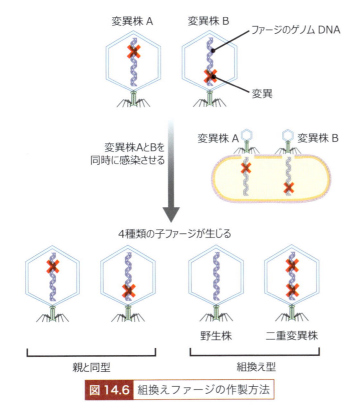

図14.6 組換えファージの作製方法

Biography
Robert W. Holley
1922〜1993．イリノイ州生まれのアメリカの生化学者．イリノイ大学では化学を専攻し，学位を得た．当初は有機化学を専門としていたが，徐々に生物学にシフトし，tRNAの全塩基配列の決定に成功した．翻訳におけるmRNAの塩基配列からタンパク質のアミノ酸配列への変換の仕組みを説明する重要な発見となった．ニーレンバーグ，コラーナとともに，1968年にノーベル生理学・医学賞を受賞．

　まず，ジヌクレオチドの繰り返し配列のRNAを見てみると，Poly-ACのように，2種類のアミノ酸が交互に並んだポリペプチドが生成している（図14.4）．仮にコドンが偶数個の塩基からなるとすると，たとえば4塩基の場合，Poly-ACはACACというコドンの繰り返し，またはCACAというコドンの繰り返しになるので，1種類のアミノ酸からなるポリペプチド（ホモポリペプチド）が2種類できるはずである．したがってこの結果から，コドンは奇数個の塩基からなると考えられた．

　次に，トリヌクレオチドの繰り返し配列のRNAを見てみると，3種類のホモポリペプチドが生成している（図14.4）．この結果から，14.1.4項で説明したように，コドンは3塩基であるか，または3の倍数で奇数個（9，27，…）であると考えられる．本書では順序が逆になったが，コラーナの実験により，クリックらの「遺伝暗号のトリプレット説」が具体的に裏づけられた．

14.2.7 tRNAの全塩基配列の決定

　1964年，ホリーらは酵母のアラニルtRNAの全塩基配列を決定した（図14.7）．酵母から精製したアラニルtRNAを，ピリミジン残基（CまたはU）の3′側でRNAを切断する膵臓由来のRNaseやグアニン残基の3′側でRNAを切断するRNaseT1を用いて分解した．生成した断片を分離し，それぞれの断片の塩基配列を決定し，それらの配列を重ね合わせることにより，アラニルtRNAの全塩基配列を決定した．ホリーらは，アラニルtRNAは分子内の塩

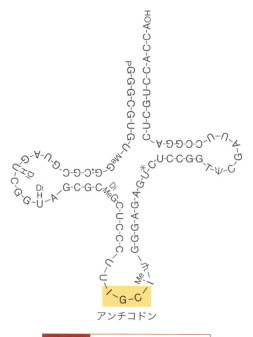

図14.7 アラニルtRNAの構造

基対形成により「クローバーの葉」のような二次構造をとると考えた（図 14.7）．中央のループにはアラニンのコドンの GCN（N は A, C, G, U のいずれか）のうち GCU, GCC, GCA と塩基対を形成できる IGC の配列が見つかった（13.2.3 項参照）．その後，解析されたすべての tRNA が「クローバーの葉」の二次構造をとり，コドンと相補的な塩基配列をもつことが明らかになり，この配列はアンチコドンとよばれるようになる．アンチコドンの存在が示されたことによって，mRNA の塩基配列をタンパク質のアミノ酸配列に変換するしくみが，tRNA と mRNA のアンチコドンとコドンの塩基配列の相補性にあることが明らかになった．

14.2.8　遺伝子とタンパク質は共直線性の関係にある

1950 年代に遺伝子の実体が DNA であることが受け入れられるようになって以降，遺伝子とタンパク質が**共直線性**（colinearity）の関係にあるという考えは，多くの研究者が正しいものとして直感的に受け入れていたといえる．つまり，遺伝子である DNA の塩基配列と，それがコードするタンパク質のアミノ酸配列は直線的に対応する，すなわち塩基配列の順とアミノ酸配列の順が同じであると考えられてきた．この共直線性の考え方が実験的に証明されたのは 1964 年のことである．

ヤノフスキーらは，大腸菌のトリプトファン合成酵素の A 鎖の変異株 16 種類について，遺伝子の変異の位置と変異タンパク質のアミノ酸置換の位置を詳細に決定した．その結果，遺伝子に起きた変異の順番と，タンパク質のアミノ酸置換の順番とが一致していた（図 14.8）．これにより，遺伝子とタンパク質が共直線性の関係にあることが実験的に証明された．

Biography

Charles Yanofsky
1925～，ニューヨーク生まれのアメリカの遺伝学者．90 歳を超えたいまでも，スタンフォード大学に籍を置いている．

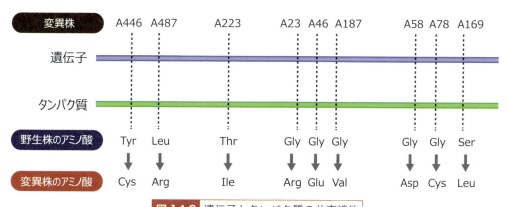

図 14.8　遺伝子とタンパク質の共直線性
変異株における遺伝子の変異とタンパク質のアミノ酸置換の位置の関係．

14.3 翻訳方向の決定

14.3.1 タンパク質はN末端からC末端へ合成される

1961年にディンツィスは，ウサギの網状赤血球を用いてグロビンの合成について解析し，タンパク質がN末端からC末端へ合成されることを明らかにした．ヘモグロビンは2本のα鎖と2本のβ鎖の4本のグロビン鎖からなる．網状赤血球で合成されるタンパク質の90％以上はヘモグロビンなので，高純度のグロビンを容易に精製できる．

ディンツィスは網状赤血球の懸濁液に^{3}H標識したロイシン（^{3}H-ロイシン）を加え，一定時間ごとに網状赤血球から完成したグロビンを抽出し，^{3}Hがグロビンのどの領域に取り込まれるかを調べた（図14.9）．たとえば，図14.9の時間t_1には，黒の実線で示した合成中のグロビンが存在する．これらのグロビンは合成中なので，リボソームに結合している．このとき（時間t_1に）^{3}H-ロイシンを加える．時間t_2になると，t_1からt_2の間に合成された領域（赤波

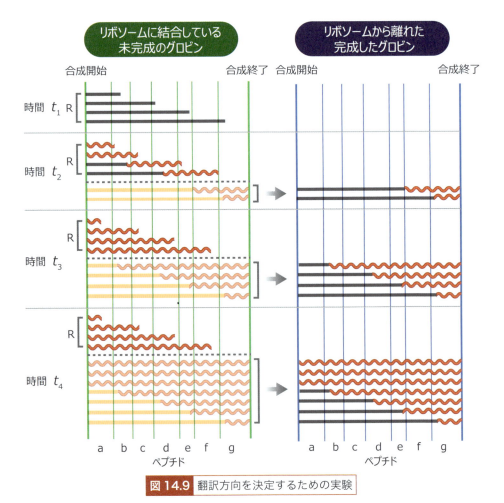

図14.9 翻訳方向を決定するための実験

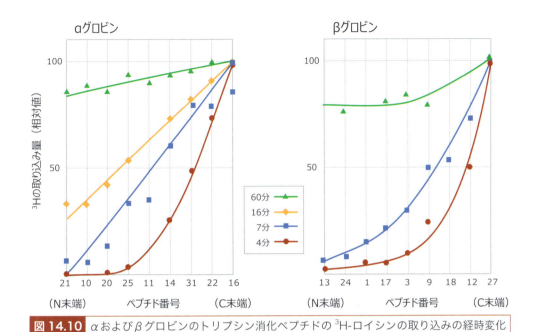

図14.10 αおよびβグロビンのトリプシン消化ペプチドの ^{3}H-ロイシンの取り込みの経時変化

線部分）に ^{3}H-ロイシンが取り込まれる．R でくくった未完成のグロビンはリボソームに結合したままだが，時間 t_2 までに合成が完了したグロビン（点線の下側）は，リボソームから離れる．これらの完成したグロビンは，合成の終了点に近い領域にのみ ^{3}H-ロイシンが検出されるはずである．さらに時間 t_3，t_4 でも同様に ^{3}H が取り込まれる様子を調べれば，^{3}H-ロイシンによる標識時間が長い t_4 では，完成したグロビンの合成開始点に近い領域にも ^{3}H-ロイシンの取り込みが観察されるはずである．

完成したグロビンを精製して，トリプシンというタンパク質分解酵素で切断し，生成したペプチドを分離，各ペプチドの ^{3}H の取り込み量を測定した（図14.10）．その結果，^{3}H による標識時間が短いときには，C 末端に近いペプチド（α グロビンの 16，22，β グロビンの 27，12 など）ほど ^{3}H の取り込みが多く，標識時間が長くなると，N 末端に近いペプチド（α グロビンの 21，10，β グロビンの 13，24 など）でも ^{3}H の取り込みが多くなることがわかった．すなわち，タンパク質は N 末端から C 末端へ合成されることが明らかになった．

14.3.2　翻訳は mRNA の 5′ から 3′ へ進む

1965 年にオチョアらは，無細胞タンパク質合成系を用いて人工 RNA からタンパク質を合成し，翻訳が mRNA の 5′ から 3′ へ進むことを示した．オチョアらは，ポリ A 配列の 3′ 末端に C が一つついた RNA を合成した．

　　　　5′-AAAAA------AAAAAC-3′

AAA はリシン（Lys）の，AAC はアスパラギン（Asn）のコドンである．タンパ

ク質が N 末端から C 末端へ合成されることはすでに明らかになっていたので，翻訳が mRNA の 5′ から進むのであれば

  N 末端　Lys-Lys……Lys–Asn　C 末端　　　　　　　　　　　①

という配列のポリペプチドが作られ，逆に翻訳が mRNA の 3′ から進むのであれば

  N 末端　Asn-Lys……Lys–Lys　C 末端　　　　　　　　　　　②

という配列のポリペプチドができると考えられた．実験の結果，①のポリペプチドができており，翻訳は mRNA の 5′ から 3′ へ進むことが明らかになった．

確認問題

1. ニーレンバーグのグループが遺伝暗号の解明にどのように貢献したかを述べなさい．
2. コラーナらの表 14.4 の結果を参考に，Poly-AG と Poly-AAG の RNA から生成されるタンパク質（ポリペプチド）から，どのコドンが解読できるか説明しなさい．

索引

A〜Z

ATP	18
A 部位	153
Cdk	40, 83
CPE	140
C 末端	63
DNA	2, 87
——複製	115
——分解酵素	105
——ポリメラーゼ	123
——ポリメラーゼ活性	123
——リガーゼ	128
EMC	42, 73
ER	19
ES 細胞	7
E 部位	153
GC 含量	112
GFP	4
GTP アーゼ	85
GTP 結合タンパク質	84
G タンパク質	84
iPS 細胞	7
mRNA	133
Na⁺K⁺ ポンプ	48
N-アセチルグルコサミン	54
N-グリコシド結合	91
N-ホルミルメチオニン	153
N 末端	63
PC	57
PE	57
PI3 キナーゼ	59
PKA	83
PLC	59
PS	57
P 部位	153
RNA	2, 87
——干渉	11
——プライマー	129
RNA ポリメラーゼ	134
——I	139
——II	139
——III	139
rRNA	133
SDS	60
SL1	140
SNARE タンパク質	35
Src チロシンキナーゼ	72
TAF	140
TATA ボックス	141
TBP	140
TFIID	142
tRNA	133
UBF	140
UCE	140
X 線回折	113

あ

アクチン繊維	22
アセチル化	83
アダプター仮説	160
アダプチン	35
アデニン	91
アデノシン三リン酸	18
アポトーシス	40
アミノアシル tRNA	149
——合成酵素	149
アミノアシル部位	153
アミノ酸	61
アミノ末端	63
α-ヘリックス	66
アロステリック効果	80
アンチコドン	149
イオン結合	49
イオンチャネル	48
異性体	53
一遺伝子一酵素説	159
一次構造	64
一本鎖結合タンパク質	126
遺伝暗号	159
——表	147
遺伝子	102
——発現	87
遺伝情報	87
イノシトールリン脂質	57
イノシン	151
インスリン	74
インテグリン	31
イントロン	147
ウイルス	106
ウエスタンブロット	11
ウラシル	96
運搬体タンパク質	31
エキソサイトーシス	33
エキソヌクレアーゼ活性	123
エキソン	147
液胞	26
エラスチン	73
塩基存在比	112
塩基対	114
塩基配列	95
遠心分離	8
エンドサイトーシス	21, 32
エンドソーム	22
岡崎フラグメント	127
オートファジー	22
オープンリーディングフレーム	146
オルガネラ	3
オレイン酸	57

か

開始因子	155
界面活性剤	59
核	16
核局在化シグナル	17
核酸	90, 112
核小体	140
核膜孔	16, 89
核ラミナ	17
加水分解酵素	78
カスパーゼ	41
仮足	23
活性部位	76
滑面小胞体	19
ガラクトース	54
カルボキシ末端	63
カルモジュリン	81
幹細胞	7
基質	76
基底膜	41
キナーゼ	
PI3——	59
Src チロシン——	72
サイクリン依存性タンパク質——	40, 83
タンパク質——	82
キネシン	24, 85
基本転写因子	140

索引

キャップ構造	146
共焦点顕微鏡	5
共直線性	169
莢膜	104
共有結合	49
巨大分子	45
グアニン	91
クラスリンタンパク質	35
グリコーゲン	37
クリステ	19
グリセリン	57
グリセルアルデヒド	53
グリセロール分子	57
グルクロン酸	54
グルコサミン	54
グルコース	53
クロマトグラフィー	9
蛍光顕微鏡	4
形質	99
——転換	104
——転換物質	105
結合組織	41
結合部位	75
ゲノム	87
——編集	14
原核生物	14, 88
減数分裂	102
コア酵素	134
コイルドコイル・ドメイン	67
光学顕微鏡	3
校正機能	126
酵素	76
抗体	4, 76
5′末端	94
コドン	146
アンチ——	149
翻訳開始——	146
翻訳終止——	146
コラーゲン	73
ゴルジ体	19, 20
コレステロール	59
コンセンサス配列	71

さ

サイクリン	40
——依存性タンパク質キナーゼ	40, 83
細胞	1
——外マトリクス	42, 73
——骨格	22
——質分裂	39
——周期	38
——小器官	3
——培養	6
——分画	8
——壁	26
——膜	2, 29
——老化	131
サブユニット	70
三次構造	68
3′末端	94
自家受精	99
シークエンシング	144
シグナル分子	35
σサブユニット	134
σ^{70}	138
脂質	57
——二重層	29
ジスルフィド結合	73
質量分析	65
ジデオキシリボヌクレオチド	144
シトシン	91
脂肪酸	56
シャイン-ダルガーノ配列	152
シャペロン	19, 65
終結因子	155
収縮環	23
縮重	148
受動輸送	32, 47
受容体	35
——タンパク質	31
上皮組織	41
小胞体	19
小胞輸送	33
ショ糖	55
真核生物	14, 88
親水性	29, 44
伸長因子	155
水素結合	44, 50, 114
スクロース	55
ステアリン酸	57
ステロイドホルモン	37
スプライシング	147
生殖細胞	103
生殖質説	103
生成物	76
遷移状態	76
繊維状タンパク質	73
染色体	16, 102
——説	103
相同——	102
セントラルドグマ	88, 160
繊毛	26
走化性因子	31
増殖因子	7
相同染色体	102
相補的	115
阻害剤	77
組織	41
疎水結合	51
疎水性	29, 44
粗面小胞体	19

た

体細胞	103
代謝経路	79
ダイニン	24, 85
対立形質	99
脱リン酸化	81
多糖	53
ターミネーター	138
単糖	53
タンパク質	2, 64
——ドメイン	72
——の一次構造	64
——の再生	64
——の三次構造	68
——の特異性	75
——の二次構造	66
——の複合体	70
——の変性	64
——の四次構造	70
——ファミリー	73
——分解酵素	105
GTP結合——	84
G——	84
SNARE——	35
一本鎖結合——	126
運搬体——	31
クラスリン——	35
受容体——	31
繊維状——	73
チャネル——	31
糖——	55
膜——	31
モーター——	85
タンパク質キナーゼ	82

サイクリン依存性――	40, 83
単量体	45
チェックポイント	39
チミン	91
チャネルタンパク質	31
中間径フィラメント	26
デオキシリボース	90
デオキシリボヌクレオチド	90
出口部位	153
テロメア	130
テロメラーゼ	130
電気泳動	9
電気化学的勾配	47
電子顕微鏡	5
転写	87
――開始点	135
――と翻訳の共役	89
糖	53
糖脂質	55
糖タンパク質	55
特異性	
タンパク質の――	75
閉じたプロモーター複合体	137
ドデシル硫酸ナトリウム	60
トランスロケーション	155
トリアシルグリセロール	57
トリトン	60
トリプレット	161
――説	166

な

二次構造	66
二重らせん	113
ヌクレオシド	90
ヌクレオチド	90, 112
能動輸送	32, 47
囊胞性線維症	72

は

肺炎双球菌	104
配偶子	101
バクテリオファージ	106
パルミチン酸	57
パルミトイル化	83
半保存的複製	116
微小管	24
必須アミノ酸	63
被覆小胞	34

非翻訳領域	145
開いたプロモーター複合体	137
ピリミジン	91
ファゴサイトーシス	21
ファンデルワールス力	50
フィードバック阻害	80
複合体	
タンパク質の――	70
閉じたプロモーター――	137
開いたプロモーター――	137
複製	115
DNA の――	115
複製起点	126
複製フォーク	126
不飽和脂肪酸	56
プライマーゼ	129
プリブナウ配列	136
プリン	91
フルクトース	54
不連続的な合成	127
プロテオミクス	66
プロモーター	135
分解能	3
分散的複製	116
平衡密度勾配遠心法	118
ベクター	12
β-シート	66
ペプチジルトランスフェラーゼ	155
ペプチジル部位	153
ペプチド結合	61
ヘム	79
ヘモグロビン	70
ヘリカーゼ	126
ペルオキシソーム	22
変性	64
鞭毛	26
放射性同位体	107
飽和脂肪酸	56
ホスファターゼ	82
ホスファチジルエタノールアミン	57
ホスファチジルコリン	57
ホスファチジルセリン	57
ホスホリパーゼ	59
保存的複製	116
ポリ A 配列	147
ポリヌクレオチド	90
ポリマー	45
ホルモン	30

ホロ酵素	134
ポンプ	48
翻訳	88
転写と――の共役	89
――開始コドン	146
――終止コドン	146
――領域	145

ま

-35 領域	136
-10 領域	136
膜タンパク質	31
膜の流動性	59
マクロファージ	33
マンノース	54
ミオシン	23, 85
ミトコンドリア	17
無細胞タンパク質合成系	161
網状赤血球	169
モータータンパク質	85
モノマー	45

や

有糸分裂	39
ユビキチン	83
ゆらぎ塩基対	151
葉緑体	26
四次構造	70
読み枠	146
45S rRNA 前駆体	140

ら

ラギング鎖	126
リガンド	75
リソソーム	21
リーディング鎖	126
リボース	53, 91
リボソーム	140, 151
リボソーム結合部位	152
リボヌクレオチド	96
両親媒性	44
リン酸化	81
リン酸基	91
リン酸ジエステル結合	93
リン脂質	57
レチナール	79
連続的な合成	127

■ 著者略歴 ■

太田　安隆（おおた　やすたか）
1982 年　東京大学理学部卒業
1987 年　東京大学大学院博士課程修了
現　在　北里大学　名誉教授
　　　　神奈川大学理学部　特任教授
理学博士
主な研究分野は細胞生物学

高松　信彦（たかまつ　のぶひこ）
1981 年　東京大学理学部卒業
1983 年　東京大学大学院修士課程修了
現　在　北里大学　名誉教授
　　　　東海大学医学部　客員研究員
理学博士
主な研究分野は分子生物学

ビギナーズ生物学

| 2017 年 9 月 1 日　第 1 版　第 1 刷　発行 |
| 2025 年 1 月 20 日　　　　　　第 5 刷　発行 |

検印廃止

JCOPY 〈出版者著作権管理機構委託出版物〉
本書の無断複写は著作権法上での例外を除き禁じられています．複写される場合は，そのつど事前に，出版者著作権管理機構（電話 03-5244-5088, FAX 03-5244-5089, e-mail: info@jcopy.or.jp）の許諾を得てください．

本書のコピー，スキャン，デジタル化などの無断複製は著作権法上での例外を除き禁じられています．本書を代行業者などの第三者に依頼してスキャンやデジタル化することは，たとえ個人や家庭内の利用でも著作権法違反です．

乱丁・落丁本は送料当社負担にてお取りかえいたします．

著　者　太田安隆
　　　　高松信彦
発行者　曽根良介
発行所　（株）化学同人

〒600-8074　京都市下京区仏光寺通柳馬場西入ル
編集部　TEL 075-352-3711　FAX 075-352-0371
企画販売部　TEL 075-352-3373　FAX 075-351-8301
振替　01010-7-5702
e-mail　webmaster@kagakudojin.co.jp
URL　https://www.kagakudojin.co.jp
印刷所　（株）シナノ パブリッシングプレス

Printed in Japan　© Y. Ohta, N. Takamatsu　2017　無断転載・複製を禁ず　ISBN978-4-7598-1937-3